心灵的平静

Herzensruhe

安塞尔姆·格林(Anselm Grün) 著

何 珊 译

华东师范大学出版社

华东师范大学出版社六点分社　策划

目　录

序言：无法摆脱自己的影子 / 1

第一章　当代人缘何心神不宁 / 8
第一节　社会和经济环境 / 9
第二节　不安的心理原因 / 18

第二章　通向平静之道 / 40
第一节　呼吁无忧无虑 / 41
第二节　邀你走向平静 / 49
第三节　走入安息日的安宁 / 56
第四节　通向心灵平静之道 / 61
第五节　平静与不安 / 76
第六节　不安的心 / 83

第七节　今天通向安宁的道路/87

结语:在树荫下/127

序言:无法摆脱自己的影子

从前,有个人很讨厌自己的影子,也不喜欢自己的脚印,为此他下决心摆脱它们。后来,他想出了个点子:干脆甩掉它们得了,于是拔腿便跑。但是每当脚一落地,就有了脚印,影子也毫不费力地紧随其后。他心想:我得再跑快些,接着便发足狂奔,最后……竟活活累死了。其实想当初,要是他走到树荫底下,影子就会消失;要是他坐下来,也就没有了脚印,可他却没想到这点。

现如今,许多人都想不到干脆到树荫下静息,他们更愿意奔波不止,就像庄子故事里的这个人一样。然而,想靠快跑摆脱影子的人,就是在奔向死亡,因为这样一来他就再也不能获得片刻的安宁了。这大概就是眼下许多人的生命状态,他们简直是在奔命,只是因为害怕遇到自己的影子,看到令自己不快的一面。他们想甩掉这令人烦恼的影子,却从此变得永无宁日,而这种不得安宁的状态常常表现为心脏问题。如今,心血管疾病成为最常见的死因不是没有道理的。如果一颗心从不安宁,超负荷运转,终有一天会出问题。得心脏病的大部分是男人。有些人的心脏十分健康,但他们同样担心有朝一日心脏会不听使唤,会要了他们的命。心脏病常常与恐惧有关,人们总想逃避某些东西。心脏首先象征情感的所在,而往往是没有得以释放的爱恨情仇之类的情绪导致了心脏病,诸如心律失常和心悸。心脏会不断提醒那些想逃避它的人,让他们不得不去面对自己的心脏。有些人被诊断为得了心脏神经官能症,他们把注意力都集中在自己的心脏上,并时刻担心心脏会停止跳动。心脏病人通常给人一种坚韧顽强的印象,就像上述故事中的这个人一样。他们无法停下来休息并享受生活,也无法到树下小坐。因此人们会说这是一种典型的经理病(Managerkrankheit,由于工作负担较重、精神过分紧张而引起的循环系统严重失调症——译注)。他们必须总是去做最重要的事情,与自己的影子打交道在他们看来是鸡毛蒜皮的琐事,相反,他们更愿意长期跟自己的心脏病纠缠不休。

早期隐修生活中描述的那种寻求心灵平静之道,在当下具有极高的现实意义,因为心神不定成了一种时代病。无数人都在抱怨自己无法获得安宁。早期修士由自己的经验得知,如果缺少劳动,人是无法轻易获得平静的。寻找心灵平静的道路是漫长的,它引领我们通过认识自我、与自我相遇,最终走到上帝面前——像圣奥古斯丁那句名言所说的那样——我们这颗不安的心在上帝那里找到最终的平静。修道士告诉我们,这是一条坎坷的路,同时也是一条充满吸引力的路,因为它预言,我们能在人世的纷繁中很快走进并享受上帝的安息。所以在本书中我想再谈谈修士们的体验,这不仅仅因为我本人就是修道士传统培育出来的,而且还因为我相信,这些体验在当下这个时代不仅能教育我们,而且能指导我们的生活。我首先要提到的是东方修道生活中最重要的著述家埃瓦格里乌斯(Evagrius Ponticus,345—399,基督教神秘主义者,著述家——译注)和卡西安(Johannes Cassian,约360—430/435,基督教神学家。其著作《隐修生活规则》对整个西方隐修制度影响颇深——译注)。卡西安到埃及的荒漠去修行,希望把当地修士们的修行体验传播到西方。作为修士我一直遵从本笃会的会规(约480—547),而这些规则自中世纪以来也成了许多俗士的人生指南。一直以来修士所遵从的规则都建立在《圣经》的基础之上。因此,我想对《圣经》中那些给我们带来心灵平静的语录作深入的思考。耶稣显然看到了众生的苦难、恐惧和不安,因此想引导人们在他这里找到真正的安宁。

近年来,在与教友的谈话中我都注意到了心神不宁这个问题。总是有人找我诉苦,抱怨自己根本无法平静下来。许多人失去了平和的心境,甚至连睡眠都无法保障。他们为孩子忧心忡忡,有的担心孩子有心理问题,有的担心孩子走上了一条与自己在教育中设计的完全不同的道路。还有些人担心家里的经济状况,失业也会使人无法安然入睡,因为假使一直找不到工作,一家之主就无法养家糊口,无法偿还房贷。还有很多人每天都在担心自己所做的每件事是否正确,自己的行为是否得当,会不会引起别人的不满。他们绞尽脑汁想知道别人会怎样看待自己,有时候这种担忧甚至到了病态的地步。比如,某位女士今天去商店买东西,碰上一位不友好的售货员,也许这位售货员只是因为前天夜里没有睡好,可这位顾客却会马上联想到是不是自己有问题,整整一天她会不停地想,到底自己有什么地方让这个售货员看不顺眼,自己是不是出了什么洋相,是不是哪句话说得不得体。接着她会给朋友打电话,诉说自己的遭遇。于是这件毫无真实缘由的小事就成了这位女士无法摆脱的梦魇,而这件事情的整个症结仅仅在于她过分担心自己的名声。

特别是那些身居领导职位的人,更是经常抱怨自己不能平静,因为别人总是要从他们那里谋求些什么。他们会考虑,自己对别人的要求是否做出了正确的反应,所做的决定是否对企业有利，自己是否做错了什么。晚上回到家中，他们很想放松下来却依然无法平静，因为无法转移注意力。就连外出度假都不能放下心来，还是会不停地冥思苦想，自己所做的决定是否正确，事情是否真的会顺利进行，可能出现什么后果。由于无法松弛下来，所以即便是最好的休假对他们也毫无补益。他们疲惫不堪地回到家中，单调乏味的工作又周而复始，总有一天他们会因为这种苛求而崩溃。

还有的人担心自己有一天会无事可做。他们害怕在宁静中面对自己的真实生活。一旦失去了那些牢牢握在手里的东西，对生活的全部失望就会冒出来，那时他们就会发现，自己的生活其实无以依存，对别人的所有投入都毫无意义，所能做的只是摆脱自己的绝望。他们其实不再相信自己所做的一切，也不认为自己的生活还有什么意义。一切都是徒劳的，他们很想要摆脱这种徒劳的空虚。或者他们会良心不安，负罪感也可能油然而生。他们对此心怀恐惧，所以想逃离平和与宁静。对于这样的人来说，最糟糕的事莫过于不得不面对自己的本来面目，所以无论如何都要回避不得不面对的尴尬，而拼命找些事情来做。就这样，闲暇时间也成了一种压力。人们必须用数不清楚的事情来填补生活中的空虚。这些要逃避自己真实现状的人其实是在不断逃避自己，然后又抱怨自己疲惫不堪。他们不停地给自己施加压力，无法走向平静,因为他们从心底里根本不想这样,是内心深处的恐惧驱使他们不断地这样周而复始。

  一方面,人们没有能力获得宁静,另一方面,又特别渴望能发发呆,让自己平静下来。声称能告诉人们怎样获得内心平静的讲座比比皆是,人们期望能从心理学方法、身体放松的技术手段中获得自己渴求的平静。但是,凭借表面的放松手段是无法使人获得安宁的。心灵的平静是精神修炼产生的结果。早期修士的目的是将人们带入神赐的宁静之中。静默(Hesychia)是令修士们神往的伟大字眼。的确,从三世纪起,修士的活动就被称之为静修(Hesychasmus)——通往内心平静之道。修士们所提到的宁静,决不是类似巴伐利亚人酒后的放松这种不愿被人打扰的安静,因为这种摆脱所有人后得到的平静,更多的是一种酒足饭饱后的自我麻痹,是对现实的逃避。修士们所指的平静是内心的平静,处在这种平和心境中的人不再担惊受怕,而是神清气爽。归根结底,平静是神赐予的一种永恒安息的体验。谁在祈祷和冥想中感觉到了上帝的存在,谁就能由里到外获得平静,就能回归自我,并与自身达成和谐。修士的灵修之道对于我来说同时也是一种自我疗法,其中所包含的治疗作用的精髓今天已被许多心理学家重新发现。这对于他们来说是一条在眼下非常实用的道路,只要我们将其精髓也翻译成我们的语言,我们就能像他们一样走上同一条路。

因此,本书旨在请读者诸君和我们一起,坐到上帝为我们提供的树荫下。神邀我们去领受他的呵护和庇佑(参见《诗篇》61:5)。他是磐石,在他的恩荫中我们找到平静。在上帝之爱的庇佑下,我们就敢于面对自己的阴影,而不会被吓倒。置身于上帝的庇佑之下,在那里找到故乡和安宁,在那里归于平静,这些即便在今天,也是我们这个失去安宁的时代一个值得追寻的希望。

第一章 当代人缘何心神不宁

如今的人为什么会如此心神不宁？仔细探究，我们会找出许许多多的原因。有外在的原因，诸如经济状况或社会环境；还有剥夺了人们内心宁静的心理原因，心理学家们提到神经官能症方面的心神不宁。有时引起人们不安的外部和内在原因缘自个人的生活经历，以及以往的创伤性经历。有些病态的不安只能由医生和心理学家来进行治疗。由于能力所限，我无法对人在哪个时间段会感到不安进行适当的分析，只想针对自己接触到的一些焦躁不安的人做一点观察和思考，但我的这些观察和思考并没有通过实验来论证，而是在我上课时与别人反复交谈的基础上获得的，但我希望即便是透过这种有限的个人经验，也能使某些典型的时代现象变得更为清晰。

第一节　社会和经济环境

如今,许多人都承受着经济压力,尤其是企业的负责人。全球化时代的竞争日趋激烈,他们再也无法舒舒服服地坐在沙发上,而是不得不时刻留意是否失掉了自己的市场份额,密切关注企业收支是否平衡,自己是否对当下的需求做出了正确的反应。而这些需求瞬息万变,企业不能总是吃老本,必须不断寻求新的生存之道,经营者只好马不停蹄地赶去参加一个又一个会议。这些并不是今天才出现的问题,而是无所顾忌、急功近利、不计后果的行为所带来的后果,这种后果对于企业的创造力和企业员工所产生的影响是深远的。各种企业负责人研讨班也都在探讨此类急功近利的行为,这种行为导致公司不断改组、员工角色不停转换、不断对员工采取新的培训措施。企业频繁地改变结构使得员工焦虑不安,他们再也无法平心静气地投身到工作中去。企业为短期利益所付的代价是员工的不满,这些利益是靠剥削他们的身心换来的。企业负责人的焦虑更会进一步给公司带来紧张忙碌的气氛,其压力便会转嫁到下属身上。压力似乎往往是领导者不知所措的表现,因为忙碌只是看起来似乎在解决问题,让员工以为领导给出了一个解决眼前问题的合适答案。

但由于他无法心平气和地找到解决问题的真正办法,所以会使所有的员工都越来越手足无措。而今,只有极少数的人还知道,究竟如何才能从紧张不安这一恶性循环的怪圈中走出来。

此外,当下社会的特征之一就是所呈现出的表面的灵活性。在今天,若想找到工作,就必须懂得灵活变通,必须时刻准备搬家,于是现代人在哪里都无法扎下根来,也无法在任何地方得到安宁。只要稍稍注意一下现在高速公路上来来往往的车流,就能感受到我们这个社会所特有的不安。对工作岗位采取灵活的态度,是因为人们不想错过任何机遇。很多人不在家乡度过自己的闲暇时光,而是走出家门,到大自然中去,或者干脆飞到远处度假。但是这种休假并无安宁可言,而更多的是充满紧张和不安。旅游公司的人让度假者马不停蹄,而娱乐节目的主持人则不断阻碍我们与自己接触,因为他们不断在我们与我们的心灵之间做些文章,我们的闲暇时间处于一种不停歇的运动中。于是,度假归来不是焕发了精神,而是更加疲惫。休假留下的最后一点精力也在返程拥堵的车流中消失殆尽。

忙碌是一种漫无目标的表现

一次,我在休假时穿过慕尼黑的步行街,放眼望去到处都是熙熙攘攘的人群。大家忙着从一个商店赶到另一个商店,连游客都形色匆匆。马克·吐温说过,我们这个时代的忙碌其实是一种漫无目的和迷失方向的表现:"当眼前失去目标时,人们会倍加辛苦。"有目标的人会更加坚定地朝着目标迈进,而不会不停地催促自己。看不清目标的人,会试图用行动来填补内心的空虚。他会觉得自己很重要,因为他有这么多事情要做,他想以此证明自己的人生充满意义。他好像总在处理些非常重要的事情。可只要仔细看看,就会知道他忙着处理的那些事情常常是毫无意义的。他只想用这些事情来掩盖忙碌背后空虚这个危险的陷阱。维瑞里奥(Paul Virilio,法国文化理论家,1932年出生于巴黎,主要研究领域是建筑学、媒体以及现代战争,其核心词是"速度"——译注)这样描述过此类经验:"速度引起空虚,空虚催促匆忙。"一个人越忙,他内心便会越空虚,然后他又试图用忙碌去填满这些空虚。于是会出现一种他无法摆脱的恶性循环。我们的时代特征就是这种由忙碌和空虚组成的恶性循环。有时,大家会产生这样的印象:似乎正是由于我们的政治失去了目标,所以才会每天都忙于去寻找新的解决问题的途径。

漫无目的和迷失方向也体现在我们的休闲活动中。人们不再去参观古老的教堂,领略美丽的风景,而是去参加别人组织的体验性度假,忙着参加一个又一个项目。而组织者不能让度假者闲下来。在这里很显然,匆忙源自憎恨,组织者让大家"产生憎恨",于是度假便不再是充满友善的事情,而是对人类深深憎恶的表现,这种憎恨不但支配了度假者,也支配了组织者。越是没有目标,就越是会忙碌不堪,也越影响人们去享受眼前的生活。"假期"(Urlaub)这个词本来就源自"允许"(Erlauben),在假期中应该"允许"自己休养生息,享受悠闲。悠闲是组团旅行中那种紧张忙碌的反义词。闲情逸致意味着与生存融合、着眼现实、简单生活、没有压力。

法国哲学家布鲁克纳(Pascal Bruckner)指出当代人的特点是"活动亢进的无所事事之徒,他们时刻准备攻克消遣娱乐的巴别塔"(见第63页)。从前,休闲是有产者的特权,现如今"工作似乎成为了社会精英的避难所"(同上)。绝对的平静在今天似乎并不值得去追求,相反它似乎更像是一种惩罚。如今,空闲不是指"瓦莱里(Paul Valéry)颂扬的存在于生存深处的本质的宁静。现代人空闲的特点是不能什么都不做。到处充斥着匆忙、压力以及最可笑的紧急状态:电视里占绝对统治地位的是时钟,人们被广告所渲染的必要性所控制……即便在放松的时候,现代人也是一个'没在工作的工作者'(阿伦特[Hannah Arendt])"。他成了一个不安的游手好闲之人,无法摆脱紧张的感觉,享受心灵的平静。眼下休闲产业的特点不是对宁静的渴望,而是逃离宁静走向忙碌。

布鲁克纳把闲暇时间称为"拥抱风的艺术,是为过度疲劳披上伪装"。图霍尔斯基(Kurt Tucholsky,1890—1935,德国讽刺作家,诗人、评论家——译注)指出我们的时代造出了一批"坐立不安的无所事事之辈",而正是他们反映了当下休闲产业的特色。

没有节制

产生我们时代这种不安的一个重要原因就是在各个方面的不节制,它操控了一切:广告集中体现了这种毫无节制的贪婪,它刺激我们不断购物、不停地尝试新鲜事物。广告满足了我们对永远幸福、即刻满足、安全感和成就感的无节制需求。隐藏在广告这种毫无节制背后的是一个非常清晰的自我形象:一个无所不能、不受任何限制、掌控一切的自我形象。没有节制的人往往狂妄自大,即荣格所说的自我膨胀,荣格认为此类人不知道界限在哪里,认为没有什么是不能做的。而一旦遭遇限制,就会立刻变得紧张不安,他想绕开这些限制,来满足自己无节制的需要。然而,一旦要求被满足了,他又会冒出一个新的需求。于是,他永远不得安宁。

这种无节制的欲求也影响到我们的产品。我们必须生产更多的东西,毫不顾及这些产品是否有意义。车必须开得更快,必须在更短的时间内完成更多的事情,必须去更多的地方度假,买更贵的汽车,似乎有某种东西在逼迫许多人这样做。他们无法好好享受已经拥有的,因为他们忘记了适度,失去了分寸,总要跟别人攀比,诸事都要比人强。他们的生活是由别人的需求决定的,而不顾及自己的真正需要。然而,只有懂节制的人才能心平气和,也只有认清了分寸的人才能对别人提出的过分要求说"不"。

影响安宁的噪音

即便那些渴望安宁的人,如今也会被周围的噪音所困扰,无法享受宁静的生活。我们的生活中到处都充斥着噪音:交通的噪音、企业的噪音、媒体的噪音。夏天,透过窗户能同时听到邻居家电视和收音机传出来的各种节目,每套房子里传出来的节目都不一样。家住交通繁忙的十字路口附近的人,不论把窗子关多紧,噪声还是无孔不入。有些人喜欢在安静的环境中工作,但是旁边的女同事叽叽喳喳聊个不停,窗外建筑工地的人也在大声喧哗。除了工作之外,整天还要忍受铺天盖地而来的噪音带来的压力。许多人自己忍受不了安静,于是也让那些喜欢安静的人不得安生。比如一个人愿意默默地散步,而他身边的人却一路说个不停,他们根本无法欣赏美丽的风景。人们总是忙于一些毫无意义的琐事。有的人一进家门就连忙打开电视或收音机,他们需要一种音响效果,以此来掩盖自己无法自处和安静下来的生命状态。

忙碌和自我憎恶

除了噪音外,妨碍我们获得宁静的当首推忙碌。我总是听人抱怨说我们处在一个忙碌的时代。职业、工作和周围环境带来的忙碌愈演愈烈。"Hektik"(急忙)一词原本来自医学术语("Hektik"在德语中的原意为"肺痨虚损"、"消耗型疾病",转义为"忙碌"、"匆忙"——译注)。它是由希腊词"hexis"派生来的,指一种态度和状态。"hektisches Fieber"(肺痨热)指一种长期的慢性发烧。直到二十世纪"hektisch"(痨病的、消耗性的)这个词才有了以下意思:"狂热的、激动不安的、病态忙碌的、变化无常的、匆匆忙忙的"。显然,激动不安现在是一种慢性疾病,是一种现代社会所特有的状态。许多人都在抱怨职业生涯中的紧张和忙碌。每一分钟都是被计划好的。不管愿意与否,每个人都被催促着。"Hetze"(匆忙)这个词本意源自"Haβ"(憎恨)。憎恨驱使人去追逐、谋求。我们被驱赶着去忙碌,被催促着抓紧一切时间。"Hektik"和"Hetze"这两个词的发音都颇具进攻性。我们今天的生活被打上了这种进攻性基调的烙印,根本无法允许自己休养生息、享受生活。上司催促我们工作,而他自己又被别人逼迫着。逼迫他的可能是别的公司，但也有可能就是他自己的被逼迫妄想症，是让他自己无法平复的虚荣心。忙碌打上了憎恨的烙印，让人们憎恨那些剥夺自己生活的人，那些迫使自己去追逐更高成就和更高速度的人。人们逼迫自己，是因为对自己不满，憎恶自己，憎恨生活。我们抱怨来自外部的各种要求，可是又让自己不断处于这种压力之下。如果仔细问问自己，为什么要总是扛着这些压力，就会遇到一种深层次的自我否定。我们就是这样，如果自己不好，我们是不会爱自己的。所以，为了让自己爱上自己，就必须对自己要求更多，但是这种希望是会落空的，它永远也不会得到满足，因为忙碌和憎恨本身就是无节制的。

忙碌和催促并不能带来我们所期待的更大成就。相反，越是匆忙，所犯的错误就会越多，也越难发现解决问题的根本方法。忙碌妨碍我们取得持久而扎实的成就，它总是带来短期的解决之道和工作业绩，却并不能令人心满意足。急急忙忙赶制出来的桌子，不会像精心制作的桌子那么经久耐用，也不会给制作者带来愉悦。假如成天像无头苍蝇一样从一场谈判赶到另一场谈判，今天照这个订单做一件，明天照那份订单做一件，肯定不如按部就班更有成效。一些企业负责人告诉我，他们非常讨厌那些驱使自己马不停蹄的忙碌状态，觉得这样其实忙不出个所以然来，但是他们缺少摆脱这种忙碌的平静。这种狂热蔓延开来,谁摆脱了这种狂热,谁就觉得自己被置身于成功人士的圈子之外,而许多人都恐惧这点。因为我们这个时代最重要的似乎就是跻身于成功人士的行列之中。假如能平静地从这种忙忙碌碌的循环中脱离出来,我就不再是那群饱受压力折磨的一分子了。然而,饱受压力折磨看起来更符合公众心目中的形象象征,每个人都乐于用它来修饰自己,尽管这种装饰物对自己来说是一种折磨,甚至常常是一种令人崩溃的折磨。

今天的人似乎缺乏观察某一事物成长发展的耐心,凡事必须马上看到结果,需求必须马上得到满足。人们不再愿意拿出时间来观察花草树木的生长。因此,在许多企业里浮夸之风盛行,而那些能够令企业持久发展的举措却缺乏生长环境。在教育孩子的问题上也同样能看到各种缺乏耐心的表现:当孩子经历一场危机时,家长往往很难承受,他们惊慌失措,巴不得立刻能化解危机。我们的政治也是短视的,每天都宣扬一些新的解决问题之道,但往往又会在同一天撤消一些新的规定。人们越是希望尽快找到解决问题的办法,陷入瘫痪的政党就越多。其实什么事也不会发生,忙碌只会劳而无功。

忙得团团转的人做事的实际效果远不如那些从容不迫的人。我们修道院有一位泥瓦匠,看他干活的人都会禁不住想：这人手脚可真够慢的，一副淡定悠闲的样子。可到晚上去丈量他所铺瓷砖的平米数时，却惊奇地发现他比多数人都铺得多。另一个泥瓦匠给人的印象要忙得多，但到晚上回头再看，他干的活却不及别人多。有位同道给我讲过一则关于两个修士的故事：进修道院前他经常去看望两位修士，其中一位一见面就诉苦，说自己要干的事情太多，几乎没有时间，尽管如此，他却和我的同道聊了一个小时，但整个过程他都给人一种心不在焉的感觉，他不停在谈自己和他那没完没了的工作，几乎不听对方说话；另一位修士则愉快地接待了我的同道，并告诉他今天有二十分钟的时间是给他的。在这二十分钟里修士耐心细致地倾听了来访者的话，让来人觉得自己备受关注和重视。这短短的二十分钟让人觉得更长，比在那位忙碌的修士那里待一个小时要充实得多。

第二节 不安的心理原因

不安的产生往往有心理原因。有些不安是因为排斥某些事情和逃避某种冲突所引起的。心神不宁有时是患抑郁症的先兆。有的人失眠，有的人不能忍受独自在一个房里待着，必须不停地走来走去，总得做点什么，否则自己根本无法平静下来。病态的心神不定，只能由医生和心理学家来治疗。还有许多神经官能症的不安先兆,精神病人只是把大家都多少看到过的现象展现在我们眼前,其实我们每个人都了解这些现象:有些人逃避某些事情,怎么也平静不下来,饱受不安的折磨,可就是说不出来到底是什么让他如此不安。我们常常推托自己之所以这样,是因为手头事情太多了。但周围的人往往会感觉到我们因太过忙碌而失去了分寸。不安其实是在警示我们必须为自己做点什么。但是大多数情况下我们往往拒绝从心理层面去探究,而是用所处的外部环境来解释心神不宁的原因。但是假如这种忐忑不安持续了相当长的一段时期,我们就必须倾听一下自己的心声,寻找引起不安的最深层原因。罹患心理疾病的人具有一大特点,那就是极度不安。观察一下那些减肥成瘾的人,就会发现,他们总是停不下来,常常为了别人把自己搞得精疲力竭。心理学认为其原因在于他们在抵制自己的欲望。他们害怕自己的欲望,试图通过无休止的活动来逃避欲望。另一些人则被自己的欲望折磨得无法安宁。有些不安表现为神经官能症,有些则表现为精神极度不稳定。躁狂忧郁症患者在躁狂期的特点是忙个不停。忧郁症则常常表现为心慌、失眠。患者会连续数日无法入睡,根本无法平静下来。无论身在何处,他们都会绞尽脑汁。他们对周围的人反应很强烈,无法摆脱。无论是在工作,还是祈祷或散步,他们每时每刻都被对周围的人和事的负面想法折磨着,脑子停不下来。他们与周围的环境不再有距离,环境完全控制了他们,能把他们驱赶得团团转。于是,他们完全失去了平衡,失去了精神支柱,成了无根的浮萍。他们漫无目标地四处乱窜,直至崩溃。单凭意志力是无法克服不安这种病症的,必须清醒地认识到,引起不安的原因是因为与周围的环境没有保持必要的距离,不能保持内心的平衡,不能了解自己的感受,而总是用别人的眼光评价自己,任由别人决定自己的言行,强迫自己,为别人的想法费尽心思。

还有一些形式的不安,虽然无法确认它是某种疾病,但是依然有心理上的原因。希腊哲学家认为,让人不安的是情绪。假如一个人不能适当地处理自己的情绪,就会被情绪所驱使。古代修士深化了希腊哲学家关于情绪的学说,形成了一套关于九大欲求(Logismos,意指诱使人犯罪并掉入绝望之中的虚假希望与欲望,也就是违背了圣经真理的魔鬼的思想——译注)的观点。"Logismos"的字面含义是计算、考量、思索、观察。埃瓦格里乌斯非常详尽地描述了八到九个欲求,它们指重感情的想法、狂热、欲望和激情。假如我们放纵这些情绪,它们就会妨碍我们平复自己的心情,使我们找不到心理的平衡,无法变得心平气和。关于九大欲求的理论后来变成了八种恶习的说法,并最终演变成了七宗罪。最初七宗罪不是指道德意义上的,而是指心理层面上的,主要是为了探寻我们为什么心神不宁,为什么不能专心致志地祈祷。关于九大欲求的学说显然也影响了现今非常流行的九型人格。因此,这一古老的学说在今天也能很好地呈现我们为何无法获得心灵平静的原因。

被冲动所驱使

埃瓦格里乌斯将九大欲求分成三组,即贪欲(epithymia)、情绪(thymos)和精神(nous)三个领域。贪欲这个领域有三个基本的欲望:食欲、性欲和占有欲。有些人忍受不了沉静的生活,必须不停地吃东西,用食物填满内心的空虚。他们不停地起身到冰箱里找些吃的。对于许多人来说,晚上一个重要的生活环节就是看电视,而且一边看一边吃东西。显然电视并不能分散他们的注意力,他们还需要嚼些东西,来平复自己的不安情绪。还有些人则为性欲所驱使,魂不守舍,一见到漂亮女人就抑制不住性幻想的冲动。他们不像那些热衷减肥的人,通过抵御自己的欲望来平复自己,而是任由自己被性欲搅得心神不宁。他们无法心平气静地在城市里行走,而是不断被性欲刺激着。不少女士告诉我,她们夜晚在地铁或城轨上经常遭受性骚扰,那些男人的脑子里显然只有性。他们寻找那些能吸引自己的女人,凑到她们身边,摆弄自己的阳具。如果一个人只被性欲支配着,别的什么都不想,这是很难堪的事情,这种人往往焦躁不安。他们感觉不到自我,不断需要来自外部的刺激,其实他们无法享受性爱带来的快乐,只能听任性欲的摆布。

占有欲亦是如此,它从来无法令人平静。人们无法为自己所拥有的感到快乐,相反却不停地到处寻找自己还有可能需要的东西。他们会日复一日着了魔似地到处游荡,也不管到底是否需要就去购买各种物品,然而一旦这些东西到手,就不再会为拥有它而感到快乐。这样的人赶上什么就买什么,所买的东西又不再让他安宁,只能通过购物这个举动来满足他,完全被购物欲所驱使。拥有一些东西并不是件坏事,对占有的渴望说到底源自人们对一份安宁稳定生活的渴望。占有预示着安心,但许多人恰恰被自己拥有的东西所控制。他们不断被驱使去占有更多的东西,就是因为内心缺乏足够的财富,所以才会到外部世界不断搜寻。

以上三种欲望的共同点之一就是如果不能妥善处理好这些欲望,就会深陷其中,不能自拔。究其本质而言欲望并没什么不好——正如这个词本身的含义一样——它会驱使我们有所作为(在德文中"Trieb"[冲动]和"treiben"[驱使]是同一词根——译注)。欲望的本意是驱使我们努力生活:食欲驱使我们享受美味;性欲驱使我们去获得活力;占有欲则驱使我们获得心安。《圣经》将人类的这些基本欲望看成我们听从上帝召唤的内在动力。在圣餐中我们和主耶稣合而为一——与主的关系被用一种爱欲的语言描述出来了。能给我们带来平静的真正财富是我们拥有的珍宝——真实的自我,是上帝为我们塑造的形象。然而我们常常被各种欲望所驱使:食欲、毒瘾、酒瘾、性欲、购物癖、游戏瘾、占有欲。这类成瘾的嗜好往往是被压制的渴望。我们的渴望表现为这三大基本欲望,如果我们不能加以克制,就难免成瘾。而一旦上瘾我们就会不断徒劳地追求满足自己的需要,并被自己的欲望所控制。

为情绪所困扰

情绪上的三大欲求也会使人陷入不安。修士们把这三种情绪称为:悲伤、愤怒和意气消沉(Akedia)。当然,肯定还有许多别的情绪扰乱人的心智和平静。悲伤的情绪通过自怜或消沉表现出来,人们无法认同自己的处境,缅怀自己没有实现的幻想,沉浸在自怜中不能自拔。圣卡西安把希腊语词汇"lype"——埃瓦格里乌斯将这个词解释为"灵魂的消沉"——翻译为:忧郁、意气消沉、"严峻、悲哀、心灰意冷、垂头丧气、闷闷不乐"。悲伤与伤感和抑郁有关,抑郁则常常体现为极度的不安,无法克制自己。有时这种不安会导致失眠。抑郁的人通常无法集中注意力,尽管疲惫不堪却根本无法入睡。他们饱受各种负面想法的折磨,心绪难平。如今许多人为失眠所困扰,失眠的形式各不相同:有些人无法入睡,因为脑子里有太多挥之不去的杂事;有些人则干脆不上床,总在干些鸡毛蒜皮的事情,无法把手头的事情断然放下去睡觉;有的人虽然能睡着,但是很快又醒过来,然后整夜辗转反侧,难以入眠。这些常常与自己无法用语言表达的潜意识有关。人们将这些潜意识压抑太久了,此刻在不安中终于有人倾听了。有时候白天发生的日常生活中的争辩在夜晚又会从脑海里冒出来。比如,一位总经理在夜里又想起与老板的冲突,他绞尽脑汁,一遍遍在心里重复白天与老板的对话,但是这种对话无法进行下去,他只是兜着圈子在那里冥思苦想,辗转反侧,到第二天早晨缺少睡眠的他又不得不疲惫不堪地起床。

圣卡西安描述了由悲伤而产生的四种行为:"粗鲁(rancor),怯懦(pusillanimitas),厌世(amaritudo),绝望(desperatio)。"这四种行为最后都会指向愤怒。埃瓦格里乌斯认为伴随悲伤而来的是愤怒。愤怒、痛苦和不满是不安的典型表现形式。比如,有人伤害了我,我摆脱不了受伤害的感觉,而且无法忘记对方伤害自己的话。于是一遍又一遍在心里重复这些话,静不下心来。或者生自己的气,夜晚独处时,这些恼人的想法又会冒出来,无法遏止,心也一直被负面的想法和感觉折磨着。我认识一位女士,她在自己生活的村子里永远只看到负面的东西:教堂里什么都不对头,足球协会占用了她孩子的时间,而且对孩子很苛刻。她与邻居经常争吵,几乎跟身边所有的人都吵遍了。她无论是在熨烫衣服,还是在商场购物,都无时无刻不认为所有人都在和她作对。她根本摆脱不了自己的这种愤怒情绪,因此非常害怕自己会疯掉。她也觉得不能任由自己如此发展下去,但她却无法与环境保持距离,也无法将那些有问题的人和自己隔离开来。她无法将别人排除在自己的生活之外,于是便进入了一种对她非常危险的不安状态。即便跟外界的关系并没有想象中那么糟糕,她也已经把自己的生活弄得沉重不堪,以至于无法独自承受。

有时内心的不满也会妨碍我们获得平静。假如看什么都不顺眼,什么事都不想参与,就无法真正享受任何事物。不满的人对什么都不会感到舒心,即便有什么好事,他们也会在鸡蛋里面挑骨头。就算是别人为他做了什么好事,他也能找到足够的理由加以指责。我觉得再也不能与这种对什么都不满的人为伍了。在如此内心分裂的人身边,很难让自己保持平和的心态。在这些人面前必须保护自己,让他们自己去面对不满的情绪。有些人不停地骂人,把自己搞得心神不宁。而另一些人虽然嘴上什么都不说,但在其内心深处,思想和情感却进行着激烈的交锋。他们就像坐在火山口上,只要有人过来,给一点能让他们生气的理由,他们内心深处郁积的不满和焦虑就会爆发。

意气消沉——缺乏获得平静的能力

我们可以在修士关于意气消沉的思考中找到有关不安的最典型的描述。埃瓦格里乌斯认为意气消沉是最恐怖的恶魔,它撕裂人的内心,使人无法活在当下,无法专注于眼前的事情。埃瓦格里乌斯非常幽默地描述了一位被意气消沉这个恶魔附了体的修士:这位修士在自己的小屋里,可他觉得浑身不对劲,不时朝窗外瞟一眼,看看是不是有人来看他。他骂那些和他一起修行的兄弟心太狠,居然没人想起他。不一会儿他又抬头望望天,想着是否马上该吃饭了。他骂老天爷今天为什么让太阳走得那么慢。随后又读了一会儿《圣经》,可很快就又累又困,他把《圣经》枕在头下睡觉,没睡多会儿,他又抱怨这枕头太硬,起来后还是看什么都不顺眼。埃瓦格里乌斯认为,这位修士像一个爱哭的小孩,没有得到自己想要的,就不高兴,而实际上他根本不清楚自己到底想要什么。有一次在讲座中我给大家讲述了埃瓦格里乌斯的这个故事,一位妇女说,外面雾蒙蒙的时候,她丈夫的反应简直跟我描述的这个修士一模一样。她会尽力把环境布置得更加温馨舒适,点上一支蜡烛,放上一点音乐,可这些毫无用处,她丈夫仍会不安地从一间屋走到另一间屋,看什么都不顺眼:天气、上帝、政治家、教会、妻子、孩子、自己的职业通通一无是处,什么都在跟他过不去。圣卡西安把"Akedia"称为"taedium"(厌恶,反感)是不无道理的。"Akedia"唤起人们的"horror loci"(人们对自己当下所处地点的反感),他们总认为生活在别处,工作时,就想什么都不干;可假如无事可干,又会觉得无聊。他们既无法参与祈祷、工作,也不愿无所事事,更无法享受无所事事的状态。"Akedia"是指人们缺乏活在当下的能力。自己过得不好,永远是别人的责任:要不是同事这么难缠,我会好过得多;如果我的房子不那么暗,我会觉得舒服得多;袜子要是不那么紧,我就不会情绪不好。这种人对什么都不满意:不满意与之共同生活的人,不满意自己居住的地方,不满意天气、电视节目、所穿的服装,甚至不满意自己的身体,因为它不像自己所希望的那样,这是当今流行的瘟疫,布鲁克纳(Pascal Bruckner)在他的《我受苦,故我在》(*Ich leide , also bin ich*)一书中对此作了恰如其分的描述。典型的受害狂认为:我总是牺牲品,其他人都有责任。因此他永远无法获得安宁。

从字面含义看"A-kedia"本来指"缺少关心"。因为"kedos"是指"担忧、伤心,为失去某些东西痛苦"。因此,胡尔登费尔德(Wucherer-Huldenfeld)把"Akedia"翻译成"对自我存在和生存缺乏根本的担忧,缺乏对所爱之人的关心"。皮帕尔(Josef Pieper)指出,不能将"Akedia"翻译为"迟钝",它更多的是指某人"不参与他本人的自我实现,拒绝为提升自我和实现人的真正存在做出必要的努力"。埃瓦格里乌斯也把"Akedia"称为"心灵张力不足",它指缺乏紧张感,意志衰退。这样的人失去了聚精会神的能力,变得既不能受拘束,又紧张不起来,其内心和外在的表现都变得一团糟。四处乱走,形色慌张。因此治疗"Akedia"的良药是认真对待所有自己做的事情,这种认真态度又会重新唤起人正常的紧张感,即"肌张力正常"。

圣卡西安提出了一系列由"Akedia"而产生的行为:"懒散(otiositas)、困倦(somnolentia)、恶劣的情绪(importunitas)、不安(inquietudo)、四处游荡(pervagatio)、反复无常(instabilitas mentis et corporis)、夸夸其谈(verbositas)、好奇(curiositas)"。用他的话描述今天许多人的行为也很贴切。前面三种态度显示了拒绝参与某些事情的态度。懒散并不是指真正的悠闲——那种活在当下、享受生活的能力,而是拒绝工作的挑战。他们不是享受清闲,而是无所事事、无精打采地到处闲逛,成了一个"烦躁不安的无所事事之徒"(图霍尔斯基语)。

假如有心事,就容易显得困倦。本来去看场电影,可没让电影打动自己,反倒在影院里睡着了。恶劣的情绪是指看什么都不顺眼。其他五种态度都是因它而产生的。这种人只会心神不宁,到处游荡。手头似乎不停地在忙些什么,但是却无法深入进去,夸张的繁忙只是为了掩盖心底的抑郁。心理学把这种现象称之为"掩饰的抑郁"(lavierte Depression),它既能表现为一种心身医学疾病,也能表现为一种特别夸张的繁忙。不安不但表现在不停的活动中,也表现在不能将精力专注于一件事情上,如把一件事情考虑周全,将一本书读完,集中在同一个话题。而且不安还表现在肢体动作上,这些动作不是从心里发出的,而几乎是自发的,如慌慌张张、忙忙碌碌、内心分裂。

闲言碎语和好奇如今是"Akedia"普遍的表现形式。闲言碎语与谈话正好相反,说话者不会倾听对方,它不可能变成真正的交流。说话者不断改变话题,他只说些无关紧要的事,而且是关于别人的废话,这样做只是为了将话题从自己身上转移开。胡尔登费尔德把闲言称为"一种彻底的语言衰落"。说话者"内心空虚、麻木、迟钝,他没有什么重要的事情可说,于是就用越来越高声的夸夸其谈来掩盖。废话连篇的人看上去似乎对一切都了如指掌,而且非常关切,但事实上这些话都是站不住脚的。"闲言碎语使人觉得自己与别人都有关系,而实际上这恰恰只表现了说话者缺乏与他人建立关系的能力。他不愿将这种无力建立真实关系的现象表露出来,而是通过流于表面的闲言碎语逃避过去。今天非常普及的谈话类节目表明,夸夸其谈是怎样导致了语言的衰落。人的语言能力由此走向语言的荒诞。人们在那里自说自话,虽然主持人鼓励嘉宾说话,但时间是预先定好的,而且思路也常常是事先确定的,没有发挥的余地,所有临时冒出来的新想法会被立刻掐断。所以,谈话节目只是哗众取宠,并非真正的谈话。

好奇也属于闲言的一部分,海德格尔在《存在与时间》一书中对此做了恰当的描述。继奥古斯丁之后,海德格尔指出"好奇"表现为"无法驻足于切近的事物","涣散而不做逗留"。好奇是想找出"新鲜的事物,贪新鹜奇仅仅是为了从一件新鲜事跳到另一件新鲜事,而不是为了理解某件事,更不是为了掌握真实的情况",相反,完全是为了从一件事跳到另一件事,而实际上对所有事情都并不真正在意。许多人正是怀着这种好奇心坐在电视机前,从一个节目跳到另一个节目,什么都想看一眼,可越来越不能坚持把一部电影看完,把一场讨论看到最后。他们什么都想要,但是最终手里却什么都没有抓住。

被思绪所困扰

相比感情,萦绕在头脑中的思绪更难使人平静。只要思绪不断,就永无平心静气之时。人的想法是很难停下来的,它能独立存在。有些人为某些想法费尽心思,依然心意难平。修士们将这些想法归结为三大欲求:追名求荣、羡慕嫉妒、骄傲自大。追名求荣表现在我们会不停地考虑别人对自己的看法。在内心深处,觉得自己无时无刻都仿佛站在舞台上,考虑自己到底该怎么说、怎么做,以期得到别人的喝彩。与追求名誉相伴的是对他人看法的过分关切,会担心无法满足周遭人的期望,害怕别人发现自己的错误和弱点,无法气定神闲地参加聚会,强迫自己给所有人留下良好的印象,完全被外界所操控。而只要我们掌握在别人手里,就会总是犹豫不决,永远无法遵从自己的内心。

今天,追名求荣主要表现在过分追求完美,担心自己犯错误,要求自己是一个完人。这种过分追求完美的根源往往可以追溯到儿童时代,我们只能通过成绩和完美的表现来实现自己的价值。隐藏在完美主义后面的是对自己没有价值的深深恐惧,为了证明自身的价值会越来越拼命地工作,即便得到称赞,也仍嫌不够。这样的人越干越多,因为对肯定个人价值的渴求是没有止境的,对获得别人的承认永远都嫌不够。这样,就算干到死也绝对得不到内心的平静。

许多人都想克服这种恐惧,因为他们无时无处都觉得别人在盯着自己。但是,如果从正面与内心的恐惧交锋,那么它是永远无法克服的。这些恐惧会一直笼罩着他们。因此,我们必须找出恐惧的根源。恐惧的主要原因之一便是错误的生活态度——认知行为治疗称之为否定生活的基本态度。这是一种破坏性的人生态度:"我可不能出错,否则我便一无是处。我不能出丑,否则会遭人拒绝。"被这种态度所左右的人既无法气定神闲地从事自己的工作,也无法自如地处理与周围的人际关系。他会被所担心的事情折磨着,即便想摆脱,这些担心也会一直困扰着他。这种人不停地琢磨自己的工作是否出错,是否让别人看到了某个破绽。在和别人谈话后他也无法放松下来,一遍又一遍在心里重复刚才的对话,绞尽脑汁琢磨别人会因此对自己产生什么看法,是否会发现自己某些说法背后所隐藏的问题和神经质,恐惧如影相随,让人永无宁日。

嫉妒和虚荣心也以同样的方式妨碍我们获得平静。嫉妒导致我们不停地与别人攀比,无法心平气和地去享受上天的赐予。我们总在关注别人,从与别人的比较中得出自己的价值。只要听听聚餐时的谈话或工间休息时的闲聊,就能清楚地发现,人们都在不停地说着别人的坏话。必须贬低别人,才能抬高自己,才能更确信自己的价值。不能客观看待别人,必须加上自己的评价。不停地谈论别人是我们不安的典型标志。即便没有公开谈论,可心里也在不停地嘀咕,心总是平静不下来。

饱受嫉妒之心折磨的人都知道,嫉妒是怎样剥夺了自己的平静。假如妻子或丈夫去与异性朋友见面,其配偶整晚都会被嫉妒困扰。他/她会不停地想:他们见面到底是什么情形?背后到底有什么企图?他们会谈论我吗?她会喜欢这个男人,或者自己丈夫会喜欢这个女人吗?他们会不会出什么事?为了分散注意力,我们去看电视,可即便如此,那些充满嫉妒的念头仍然不会停止,上了床也无法入睡,因为各种想象仍然在脑海里挥之不去。我们拒绝承认这种嫉妒心理,因为它有损于我们伟大的自我形象,而与此同时,我们会对自己的配偶越来越不满,甚至出言不逊,以达到报复的目的。突然间,我们发现自己的内心是多么阴暗,我们不再是自己的主人,而是深受各种受虐和施虐想法折磨的可怜虫。嫉妒之心夺走了我们的平静,使我们夜不能寐,妨碍我们单独享受终于来临的宁静夜晚。独处成了一种折磨,我们用嫉妒之心折磨自己。

傲慢表现在拒绝看到自己的真实情况,抗拒与真实的自我融为一体。傲慢的人固执地坚守理想的自我形象,对自身的缺陷视而不见,但却一直生活在恐惧中,担心别人能看透他们,发现他们的弱点。他们不断想出新的对策,来掩盖自己的不足,但这是一件劳神费力的事。首先,每一次危机都会使傲慢的人陷入彻底的恐慌和混乱,虽然充满不安,他们仍试图做出反应,努力重新掌控局面,而且绝不让别人看到自己所面临的危机,感觉到自己的不安。他们要么把一切希望都寄托在一位承诺能除病消灾的大师身上,要么极度不安地不断寻找化解危机的新办法,要么通过健康的食物、瑜伽或自体放松运动来寻求解脱,这些都不失为良策。然而,如果出于恐惧选择了这些办法,一心害怕别人看出自己所面临的危机,而不再向自己伸出援助之手,那么这些危机就会使他越来越不得安宁。虽然他们尽力应对危机,却仍然继续为恐惧所驱使,什么问题也解决不了。

由于傲慢,我们不但想在别人面前掩盖自己的错误和弱点,而且也想以良好的状态面对自己。我们试图消除自己的负罪感,却一直处于恐惧中,负罪感越来越强,不断折磨我们。许多人认为,罪恶感不再是如今的中心话题,可心理治疗师却经常遇到许多饱受负罪感摧残的人。负罪感常常是引起不安的原因,人们不断逃避自己的这种负罪感,因为这种感觉很不舒服,它撕下了我们无辜的面具,所以我们必须不断找到绕开它的新对策。对策之一就是不断给自己找事做,让自己没空体会负罪感。许多人总是抱怨要干的事情太多,其实这都是自己造成的,因为他们之所以这样做,是害怕负罪感会冒出来,所以要不停地做事。但有些时候负罪感还是会冒出来,于是第二个必然过程就开始了,那就是自我辩解的过程。任何情况下人们都会找出新的理由,来说明自己为什么是无辜的,为什么只能这样做,自己之所以这样做是因为别人有错等等。但是越是为自己辩解,负罪感就越是如影相随。所以必须找到原谅自己的新理由,于是就形成了一个夺走我们内心安宁的恶性循环。

消除负罪感的另一个办法就是不断寻找别人的认可。担心由于自己的过失而感到不被接受(蒂利希语),因此更需要得到许多人的认可。有负罪感的人一次又一次去找精神导师或治疗师,只是为了体验自己是一个好人,一个有价值的、值得爱的人,自己所做的一切都是出于好意,都是为了更加美好的生活。他虽然到处谈论自己的问题,但并不是为了解决它们,而是为了重新获得关注和肯定。然而,即便有上千的人接受他、关注他,他也永远不会满足。因为在他内心深处一直有一种感觉在折磨他:我不值得别人爱。这种对负罪感的恐惧驱使他不断寻找新的认可。另一些人——如德雷威尔曼(Drewemann)所说——试图通过竭力为别人服务来减轻自己的负疚,使自己显得非常有用。良心不安驱使他们不断帮助别人,来平复自己的负罪感。但即便这样也仍然无法帮助他们摆脱内疚的感觉。

有一句谚语说:"问心无愧则高枕无忧。"只要我们心有愧疚,就永远得不到安宁。良心不安甚至会令我们失眠。歉疚不但与我们的负罪感有关,也与我们所感受到的别人的期许有关。我们之所以感到歉疚,是因为觉得自己没有满足身边人的期许。比如,父母期待孩子不但能考个好分数,而且能上一些补习课,并利用课外时间去学芭蕾或音乐。人们认为这些在今天非常重要,虽然消耗我们的健康,但是能在社会上出人头地。往往过高的期望本身就是不安的体现,人们无法接受孩子本来的状况,必须不断督促孩子继续努力,担心孩子跟不上,或者没有别人家孩子机灵。我们对别人都是有期待的。显然,我们都希望别人满足我们的期许,比如,期待孩子们比我们过得更好。但这是一个错误的结论,因为我们无法肯定自己。我们对别人有太多的期许,认为如果我们过得不好,都是别人造成的。然而,即便他们满足了我们所有的愿望,我们心里又会冒出新的愿望。

我们也会感觉到别人强加给自己的期许。朋友在期待我去电话或拜访他;家人期待我有更多的时间和他们在一起;公司期待我投入更多的精力,随时可供调遣;生病的母亲盼着得到我更多的照顾。有的人几乎被此类期待所吞噬,经常为没有满足别人强加给自己的期许而惴惴不安。其实有时是他们自认为别人要求他们做这做那,实际上这些只是他们强加给自己的而已,这些期待来源于超我,在超我中将父母的声音内在化。比如,在内心深处经常会冒出孩提时就让我们承受压力的声音:"坚持下去,干出点成绩,要取得成功,别消沉,别太招眼,别出错,别跟人冲突,谦让些!"这些来自内心的命令使我们永远无法平静下来。我认识一些丝毫不敢懈怠的人,因为在其内心深处总是回响着父母当年的教诲:只有那些游手好闲的人才有时间度假!而他们则属于那种必须不断工作、不停忙碌的人。我听到过一些家庭主妇抱怨,她们甚至不敢放下手头的事去看一本书。一旦荒废了家务,马上就会感到歉疚。我在修会里也听到过此类抱怨,一位修女告诉我,她总是在最后一秒钟赶去做弥撒,因为担心别人认为她干活偷懒,这显然是她能想出来的最糟糕的事情,而在心里催促她去干活的声音大到她无法安心祈祷的地步。

对自己的期许大概是让我们永远无法平静的最可怕的催命鬼。我们希望自己完美无缺,能掌控工作和家庭中出现的所有问题。但一旦孩子的问题无法按我们的意愿去解决,就会变得手足无措,认为自己是一个失败的家长。我们害怕不得不在别人面前承认自己的孩子不如我们所期望的那么理想。这种不安也会波及到孩子。我们不去帮助孩子,反而使他们变得更加紧张。而越是害怕他们不能取得所期望的好成绩,他们的成绩就越不好。于是就会出现一种期望越高失望越大的恶性循环。孩子觉得一旦拿了一个差成绩回家,家长就会惊慌失措。家长无法鼓励孩子,帮他们重树信心。所有帮助孩子的尝试都会以失败而告终,因为孩子发现了家长的恐惧和不安。他们不知道自己到底该怎么做,他们想取得好成绩,但是家长的恐慌传染了他们,在下一次做作业的时候他们会不知所措地坐在那里,以至于所有学过的东西全都想不起来了。

我们还希望总是能掌控自己的情绪,身体状况永远正常,所有问题迎刃而解。一旦自己的情绪妨碍事情顺利进行,就会变得焦躁不安,想尽办法使一切重新掌控在自己手中。我们不去考虑自己的感受,分析自己的情绪,而是压抑自己的情绪,以便在外人面前表现得镇定自若。然而,我们越是压抑,就会变得越不安。我们不能对自己的问题置之不理,因为它们会摧毁我们的自我形象。于是我们就只能将这些问题妥善掩盖起来,让它们成为我们心中一个固定的"慌乱发源地"。我们只有仔细看清盖子底下沸腾着的到底是什么,同时不去评价自己所看到的,而是与之和解,并接受它们,这个"发源地"才可能重新平静下来。我们只有充满感情地看待内心的不安,我们的不安才能得以平复。竭力控制是毫无用处的。

人类不安的许多心理原因表明,不安无法仅仅通过表面的改变而得以平复。只有那些能在风平浪静中面对自己不安的人,那些看清了不安的原因、并寻求与自己和解的人,才能找到自己渴求的平静。个人的不安会影响到家庭、公司、社区、社会。面对自己的不安并不是件奢侈的事情。只有心灵平静的人才能对抗令自己不安的社会趋势。而且只有能找到内心平静的人,才能在自己周围营造一个宁静的氛围,在这个氛围中身边的人也能平静下来。像不安一样,心灵的平静同样具有很强的感染力。是忐忑不安还是平心静气,是享受生活的乐趣,还是在生活中疲于奔命,这些都取决于我们所营造的氛围。

第二章 通向平静之道

由于《圣经》里已经谈到过心神不宁这个主题,所以在本章的第一部分,我想探讨一下《圣经》所指引的寻求安宁之道。《圣经》里出现过各种人物形象,其中包括四处游荡的人、找不到安宁的罪人、心神不定的迷途羔羊等等,用这些形象来描述今天的人同样贴切。《圣经》预言主能给我们带来安宁,这绝不是一句空话。基于我们对当下焦躁不安现象的分析,《圣经》所指明的道路具有高度的现实意义。本章主要探讨《圣经》所给予我们的两点启示:其一是耶稣要信徒在他那里找到安宁;其二是《希伯来书》中关于犹太教守安息日的描述。而且我想以隐修的规章为依据,阐述怎样才能在主那里找到安宁。对于那些自公元三世纪以来就聚居在埃及荒漠的僧侣来说,当时流传甚广的古罗马文化过于喧嚣和肤浅,他们想找到一条道路,以使自己能心无旁骛地祈祷,在主恩里得到安息。全心全意体验主的存在,与主合而为一,不为自己的思维和情感所左右,这是修行的目标——埃瓦格里乌斯重点阐述了这点。他是修院作家中的心理学家,对九大欲求进行了分析,阐述了我们怎样才能达到一心祈祷的境界,并在主那里得享安息。他的这一系列观点在今天仍具有和当时同等重要的意义。他的学生圣卡西安和圣本笃(Benedikt,约480—547,卡西诺山本笃会隐修院的创办人,西方隐修制度之父——译注)将其学说翻译介绍到了西方。在中世纪,除了《圣经》,拥有读者最多的则非圣卡西安的著作莫属了。圣本笃也成了西方的大师。他制定的隐修会规对于我们来说一直是令人称奇的认识。他所处的时代打上了民族大迁移(发生在欧洲四至八世纪——译注)所带来的躁动不安的印记,这点与我们现在所处时代的特征惊人地相似。因此,我相信他也能给今天的人们指明一条迈向美满生活的康庄大道。

第一节　呼吁无忧无虑

按照海德格尔的说法,人从根本上而言就是忧虑的。存在即忧虑。人生在世就是为自己的生存担忧,为自己和身边的人操劳。担忧令人不安,让人无处放松。为了阐述这一观点,海德格尔还引用了一则关于忧虑的古罗马寓言——《忧虑》：

有一次，"忧虑"女神过河时看到一片陶土，她若有所思地拣起其中的一块，并开始塑造它。正当她在思考自己的所造之物时，朱庇特走了过来。"忧虑"女神便请朱庇特赋予这块被造之物以灵魂，朱庇特高兴地同意了。可当"忧虑"女神要用自己的名字来命名这个被造之物时，朱庇特却不肯应允，而是要求必须用他的名字命名。正当"忧虑"和朱庇特为命名而争执不下时，泰鲁士（古罗马神话中的土地神——译注）又提出，这个被造物应当以自己的名字命名，因为是她给了这被造之物身体。各执己见的三方请萨杜恩（Saturn，古罗马神话中的农神——译注）来裁定。萨杜恩对此做出了一个看似公正的判决："你，朱庇特，因为你赋予了他灵魂，所以他死去时应当将灵魂交给你。而你，泰鲁士，因为你赐予了他肉体，所以他死去时你可以将其肉体拿走。但因为是'忧虑'最先塑造了他，所以只要他还活着，'忧虑'便拥有他。鉴于名字存在争议，建议把他称作 homo（人），因为他是用'humus'（泥土）造出来的。"

因此，从根本上而言，人是忧虑的。其全部的存在都是由忧虑决定的。只要活着，就无法摆脱忧虑。只有死的时候笼罩着他的忧虑才会停止，到那时，他才会属于朱庇特和土地。古罗马人借这个寓言表明，我们所做的一切都打下了忧虑的印迹。忧虑迫使我们努力工作、维持生计、保障未来、增加财富，以使我们有朝一日能过上平静而安心的日子。

耶稣对人的理解则不同。他认为，人最初并不是忧虑的，而是相信天父能关照自己。主耶稣在登山宝训中要求门徒不要忧虑：

> 不要为生命忧虑吃什么，为身体忧虑穿什么……你们哪一个能用思虑使寿数加一刻呢？（马太福音 6:25、27）

耶稣关于忧虑的训诫大概是招致批评最多的一段经文。批评者都觉得不为明天的事情担忧是不负责任的表现。布洛赫（Ernst Bloch, 1885—1977，第二次世界大战后德国最重要的马克思主义哲学家——译注）认为上文反映出了基督教在经济上的简单幼稚。梅萨利安的修道士正是以此经文为自己拒绝工作而辩护。与此相比，追随安东尼奥的修士则把劳动作为修行的重要组成部分。耶稣为什么告诫我们不要忧虑，这对于今天的我们有何启示？他是在提倡一种有所取舍的生活方式,并以此批评市民阶层那种过分的劳动理念和错误的财产观念吗?耶稣的话到底给了我们这些被不安和忧虑逼得团团转的人怎样的答案?它又怎样清晰地指明了我们所面临的现实?

希腊语中的忧虑一词为"merimna",指担心、醉心、惴惴不安地期待什么、恐惧什么,它具有担心和痛苦的意思。希腊人指的是人所承受的充满折磨和痛苦的忧虑。他们的忧虑常常与恐惧有关,忧虑是因恐惧而产生的行为,是"为存在而产生的实际恐惧"(卢茨[Ulrich Luz])。耶稣在其教训中所指的就是这种充满恐惧的忧虑。他用两个比喻回答了这个问题:他用既不耕种也不收获的飞鸟回答关于男人的劳作;用不编织的野花来回答关于女人的典型劳作(参见《马太福音》6:26、28、29:"你们看那天上的飞鸟,也不种,也不收,也不积蓄在仓里,你们的天父尚且养活它。你们不比飞鸟贵重得多吗?……何必为衣裳忧虑呢?你想:野地里的百合花怎样长起来;它不劳苦,也不纺线;然而我告诉你们:就是所罗门极荣华的时候,他穿戴得还不如这花朵呢!"——译注)。这两项工作本身都是好的,但是人们容易越来越陷入工作而不能自拔。他们不相信主会关怀和救助他们,而是充满恐惧地认为一切必须靠自己。正是这种担心吃亏、永不满足的恐惧折磨得他们心绪不宁。这种恐惧使他们的劳作变了味,妨碍他们享受自己的劳动，也使得他们不能兴致勃勃地进行有创造性的工作。于是，工作仅仅成了担忧和恐惧的表现。它折磨着人们，并使他们一直处于惴惴不安的境地。

人们为自己的生活和未来感到担忧和恐惧，这是可以理解的，因为人在世间的存在时时刻刻面临各种威胁。但是对生存的不安不应该使其忧虑恐惧，而是应该相信主会照料他。耶稣的这番话应该是对他那些放弃工作、四处传道、相信主的护佑的门徒讲的。但是马太将这番话用到了教区的布道中。这些话对我们今天的人同样有效。"你们要先求他的国和他的义，这些东西都要加给你们了"（《马太福音》6：33）——这条准则对我们也适应。这不是说我们不必规划自己的尘世生活，并为此做一定的准备和保障。但问题在于我们到底在担忧什么？假如我们仅仅围着笼罩自己的恐惧团团转，那么我们的全部生活就会被忧虑所吞噬，我们会满怀恐惧地不断寻找更为保险和安全的新途径。投向天国的目光会使我们减少恐惧，否则的话即便投保了偷盗险，我们也无法防止被盗；即便为人寿保险缴付了高额保费，也并不能由此延长寿命。不管采取何种措施，我们都无法担保自己会拥有健康的生活和长久的寿命。我们将自己交给了上帝，具有决定性意义的是天国的降临，是上帝主宰我。如蒙上帝主宰，就能摆脱折磨人的忧虑。只有上帝才能将我们从那些用恐惧奴役我们、却从不给我们安宁的怪力乱神手中解救出来。

忧心忡忡使我们的精神暗淡无光。我们虽然为自己的未来忧虑,但行为却往往失去理性。恐惧迫使我们为没有意义的保障做出没有意义的付出。耶稣想把我们从可怕的担忧中解救出来,以使我们能理性地为自己和家庭尽责。其中的技巧在于:既未雨绸缪,但同时又能随时摆脱忧虑。应该做自己有把握的事情,并深信不疑地将自己交给上帝。作为修道院的内务总管(Cellerar,负责管理修道院经济事物的人——译注),我深知必须为修道院及其雇员打下坚实的经济基础,但如果在祈祷时也担心修院的经济状况,那就大错特错了,因为那样我所关心的就只有自己,而不再是上帝和他的国。我所担心的只是怎样为自己辩解,而不是真正关心上帝的公正,也不再相信上帝会把一切安排好。

人们也可以对"上帝之国和他的公正"作另外的理解——即作为内在的意象。这意味着上帝主宰着我的内心,他充满我的心房,使我心平气静。马太将这首关于忧虑的教育诗纳入登山宝训的框架中。如果将《马太福音》中的《登山宝训》与《路加福音》中的《平原宝训》(Feldrede)相比较,就会发现,马太在论完善与不评判他人之间加入了第六章。在登山宝训中他描述了犹太人虔诚的三种表现形式:施舍、祷告、斋戒。耶稣吸收了这三种方式,但将其内在化了,即不再是在人前表现施舍、祈祷和斋戒。祈祷的目的是发现自己的心房,并在内心深处单独与上帝在一起。斋戒不是赎罪,而是达到内心的愉悦和无忧无虑,相信主会关照我们。马太通过关于忧虑和无忧无虑的诗阐明了自己对斋戒的理解。斋戒和祈祷因此达到了内在的统一。斋戒能将祈祷者从所有的忧虑中解放出来,因为忧虑妨碍人们进入自己的内心,而只有在内心深处人们才能默默地向天父祈祷。在我们内心深处有一处宁静的所在,主就在那里,他主宰着那里。这就是我们心中的上帝之国。斋戒就是想将我们领入这个内在的空间。一旦接触到这一宁静的所在,我们的生活就走上了正道,我们也会由此按照自己的本性生活,并振作起来,变得诚实正直。在这个安宁的内在空间里忧虑将不复存在,因为它们无法进入。只有我通过斋戒和祈祷进入了这个平静的内在世界,抵达了"我心中的上帝之国"时,才能真正像阿维拉的特雷萨(Teresa von Avila)那样说:"只要有主就够了。"这样我就能体会到无忧无虑的感觉,不需要再担忧自己是否满足了人们对我的期待与要求。因为带有这种期待和要求的人是无法进入这个空间的,恐惧也无法闯入。如此这般,我就能在某一时刻体验到自己已经拥有生活所需要的一切,不再为自己未来的经济状况担忧。但这并不意味着我不认真处理自己的财务状况,只是我有一个不受影响的空间,它能给我带来真正的自由和宁静。在这个内在的空间里不再有忧虑折磨我。不管发生什么事情,我都知道主在我心中。只要上帝,那个秘密,在我心中,我就能感到像在家一样,虽然身处不安和动荡的世界,心依然感到舒适和祥和。上帝将人类从忧虑中真正解救出来。

一旦摆脱了忧虑,就找到了真正的安宁,因为忧虑是安宁最大的敌人。我们只要观察一下那些不安的人就会发现,他们之所以惴惴不安是因为一直忧心忡忡。而这些担忧正是马太所描述的关于吃喝的担忧、关于生死的担忧、或关于自己的需要是否能得到满足的担忧。害怕吃亏、害怕没有得到足够的关注、害怕没有得到足够的证实和承认。还有关于服装的担忧,人们不但要操心为自己买什么衣服,还要担心自己的着装是否符合现在的时尚,身材是否符合如今的潮流。他们还担心自己的面子、名声、职位,在意自己是否能飞黄腾达。有些人从不满足于已经得到的,而总是盯着别人手里的。他们无休无止地跟别人比,这种攀比使他们永无宁日。只有摆脱了这些忧虑,心怀上帝之国,才能找到上帝主宰我们的地方,那里平静祥和、无忧无虑,那里是我们的故乡,是祥和安宁的所在。

第二节　邀你走向平静

《马太福音》的中间部分有一段很特别的经文,释经者一直对此争论不休。这段经文说的是所谓的耶稣的欢呼(Jubelruf)(《马太福音》11:25—30)。耶稣赞美主向婴孩显出来(见《马太福音》11:25:耶稣说:"父啊,天地的主,我感谢你!因为你将这些事向聪明通达人就藏起来;向婴孩就显出来。"——译注)。在这番赞美之后,耶稣向所有在生活重压之下呻吟的人发出了邀请:"凡劳苦担重担的人,可以到我这里来,我就使你们得安息。我心里柔和谦卑,你们当负我的轭,学我的样式,这样,你们心里就必得享安息。因为我的轭是容易的,我的担子是轻松的。"(《马太福音》11:28—30)

耶稣在欢呼中说出他是谁后,告诉那些来到他身边的人,他将拯救他们。他将这种拯救描述成安息的画面。耶稣从西拉(Jesus Sirach)那里吸取了邀请人们享受安宁的做法。耶稣·西拉邀请那些无知的人到他的课堂,让他们在那里找到安宁(参见《西拉书》51:23—27)。那些置身于智慧之轭下面的人将找到平静。耶稣证实了预言家耶利米所说的话:"耶和华如此说:你们当站在路上察看,访问古道,哪是善道,便行在其间;这样,你们心里必得安息。"(《耶利米书》6:16)

耶稣是上帝智慧的化身,他给我们指明了一条通向真实生活、快乐、祥和的宁静之路。耶稣认识到自己的作用就是给那些忧心忡忡、心力交瘁的人送去安宁。这种安宁使人忆起主的安息。耶稣让人分享到上帝所拥有的、不被打搅的宁静,分享到由高兴看到"一切都是好的"所带来的喜悦。

耶稣邀请所有人都去,没有人被排除在外,他想赐予我们安宁。这些受邀人都是努力从事体力或精神劳动并为此承担重负的人。像法利赛人(Pharisär,古犹太教一个派别的成员,该教派标榜墨守宗教法规,基督教《圣经》中称他们是言行不一的伪善者——译注)所解释的那样,关于负担,马太可能更多的是想到犹太律法。关于这段经文,在释经史上出现了各种关于"负担"(Last)的解释,它被理解为饥饿、贫穷、耻辱以及被剥削者的重负。当我们用"竭尽全力"和"承担重负"这两个词来描述人们的处境时,可能指那些受尽辛劳却一无所获的人。他们不停地工作,却不能享受工作,而是完全投入其中,承受着来自外部和内心的必须不断工作的压力。也许不工作他们就会感到愧疚和压力。这可能是教育的问题,因为父母的教育已经深入人心。我们从小就不停地听父母说"……你必须活得有价值,必须不断努力工作……",也许努力的背后还潜藏着恐惧,深怕自己被划入懒惰和无用者的行列。小时候只要想玩,就会被人称为废物。

在有些人的心里这样的想法过于根深蒂固,所以容不得自己停下来。而另一些人则认为费尽心力是持续不断的苛求,觉得自己无法满足别人对自己的要求。他们害怕被剔除和遭到非难,因而竭尽全力、历尽辛劳。"Plage"(辛劳)一词源自拉丁语"plaga",其意为:惩罚、打击、创伤、上天的惩罚。无论是劳累还是烦恼都是件辛苦的事儿。上天惩罚我,所以我必须如此辛劳。"Plage"一词也与"Fluch"(上帝的惩罚、灾难)有关。许多人把生活中的艰辛看成上帝对自己的惩罚。所以在《旧约》中上帝把亚当从天堂赶出来的时候说:"地必为你的缘故受咒诅。你必须终身劳苦,才能从地里得吃的"(《创世记》3:17)。

今天我们承受的负担很少源自犹太律法和基督教法律,而是自己随身携带的,是所受教育带来的,是自愿承担的。有时这是自我惩罚带来的负担,人们将其强加给自己,以便逃脱折磨人的负罪感。有时又是超我带来的负担,它督促人不断工作。这个超我不允许我们停下来放松一下,不允许无所事事,它使人永远得不到安宁。超我无时无刻都在苛责我们所做的一切,对现实从不满意,对一切吹毛求疵,就像当年父母总围在我们身边指责挑剔一样。负担使我们沮丧,使我们沉重、压抑,它剥夺了我们内心的平静。

耶稣给所有无法平静的人指明了一条找到安宁的道路。

他用了"anapauso"一词,意即:停下来、打断、谋求安宁、恢复精神,还用了"anapausis"一词,指中断、平静、休息场所。德语中的"Pause"(休息)就是从这个词来的。对于古希腊人来说,"anapausis"不仅是指工作中的休息,而且还包括人体内部组织所需要的睡眠时间,尤其是运动员和服兵役的人特别需要的睡眠时间。在宗教意义上,"anapausis"还包含摆脱所有痛苦的意思。希腊人认为,平静是某种神圣的东西,是人们向上帝祈求的成圣的财富。《旧约》中也有类似的说法:虔诚的人渴望上帝赐予他安息。不安是上帝对人的惩罚,所以该隐必须不停地四处找路"你必须流离飘荡在地上"(《创世记》4:12)。在今天许多人的身上都能看到上帝对该隐的这一惩罚:他们像无头苍蝇一样,费尽辛劳却一无所获,因为他们的劳动没有成果(参见《创世记》4:12)。该隐之所以不得安宁,其深层原因在于他杀死兄弟亚伯而犯下的罪过。犯罪感折磨着他,令他心神不定地四处找路。这个心神不定的游荡者形象成了传说中的阿赫维斯(Ahaswer,基督教传说中的人物,永远流浪的人——译注)。许多童话中也出现过心神不安的人,他们迷失在森林里,直到最后终于找到解决的办法。当今时代的特征似乎就是饱受不安的折磨。直到今天,这种令人压抑的歉疚感仍是驱使人们不断逃避自己,在任何地方都不能长久停下来的原因。许多人不敢停下来休息,害怕被抑制住的所有负罪感又冒出来，又想起自己弑兄的原罪，没有理会亚伯的叫喊，对其痛苦视而不见。

犹太哲学家斐洛（Philo，约前15—前40/45，生于亚历山大城的犹太哲学家和政治家——译注）认为平静极其重要。在他看来平静不是不作为，而是不劳累地作为。上帝在没有疲倦的时候便休养生息，他的休养是创造性的活动。斐洛认为虔诚的人像上帝一样找到了创造性的平静，而失去理智的人往往不得安宁。古希腊神学家亚历山大的克莱芒（Clemens von Alexandrien，又称圣克雷芒。150—211，基督教护教士，神学家——译注）和奥利金（Origenes，约185—254，早期希腊教会最重要的神学家——译注）在其释经中发展了斐洛的理念。耶稣将众生引向真正的、彻底的安宁（teleia anapausis），因为谁通过净化心灵找到安宁，谁就会一心只渴望上帝。谁能从俗世的喧嚣退入静默的安宁，谁就能体验到上帝赐予的纯净心灵。上帝赐予的是能产生力量的安宁，真正的有创造性的安宁。

根据古希腊人和犹太人对安宁的理解，耶稣的话对今天的人仍具有非常现实的意义。我们像那些丧失理智的人一样不得安宁，因为我们还没有找到真正的根基。上帝对该隐的惩罚压在我们头上，让我们不安地四处找路，逃避自己的负疚。恐惧和负罪感夺去了我们的平静。问题在于，我们怎样才能在耶稣那里找到真正的平静。耶稣这样邀请我们走向安宁:"你们当负我的轭,学我的样式,这样你们的心里就必得享安息"(《马太福音》11:29)。有两条路引导我们走向安宁:第一条路是我们负耶稣的轭,这是智慧之轭,神的律法之轭,它不受人的法令限制,对人大有益处。这是一个轻松的轭,不给人压力,而是引导人走向自由。谁听从耶稣的话,跟随耶稣领悟到仁慈上帝的秘密和人的秘密,谁就能找到真正的安宁。"Religion"(宗教)这个词源自"Joch"(轭),意味着将自己套在上帝身边,系在上帝身上。只有在内心深处将自己与上帝紧紧系在一起的人,才能摆脱日常生活中的种种束缚,摆脱别人及其看法对他的束缚。他不再被恐惧所困扰,妨碍他生活的条条框框也无法束缚他。

第二条路在于学习。我们应该通过学习了解到耶稣是善良而谦逊,亲切而温和,友善而非暴力的。耶稣很谦和,他深入到人类生存的最深处。"prays"(温和)和"tapeinos"(谦卑)这两种态度显然是通向真正平静的途径。温和意味着耶稣在罪人面前显示的有耐心的友善。耶稣像摩西一样温和(参见《旧约·民数记》12:3:"摩西为人及其谦和,胜过世上的众人。"——译注)。谁要是从耶稣那里学到了对待自己和他人的这种善良、谦和、友好、宽厚,谁就能找到宁静。能善待自己和他人的人,其内心是平静的。那些粗暴对待自己、以及自己的欲望和需求的人,会唤醒隐藏在自己身上的反作用力,让自己无法安宁。他必须时刻警惕着,不让欲望出其不意地为难和控制自己。善待自己和他人的人不必时时生活在恐惧中,担心自己遭到攻击和被人利用。那些能用生命的磨石打磨自己的冷酷和坚硬的性情温和之人,才有能力得到真正的安宁。他足够柔软,不用抓牢任何东西。他不但温和而且智慧,品尝到了生命的奥秘,知道自己什么都抓不住,只能在上帝那里找到支撑和安宁。

谦卑也是平静的前提条件。在《旧约》中温和和谦卑常常是联系在一起的,在希腊语中的意思是卑下。而拉丁语"humilitas"则把谦卑解释为拥有将自己视作地上凡尘的勇气,勇于承认自己属于尘世,而不超越自己是受造物的性质。谦卑最重要的是具有面对真实自我的勇气,把自己从理想的高马上解救下来,承认自己只是世间的凡夫俗子。只有不逃避真实的自己、不对真实的自己视而不见的人,才能找到平静。只要还在逃避真实的自己,内心就永无宁日。

耶稣向我们预言了两点:"我就使你们得安息"(《马太福音》11:28)和"你们心里就必得享安息"(《马太福音》11:29)。当门徒传福音后重新回到耶稣身边,他对他们说:"你们来,同我暗暗地到旷野地方去歇一歇。"(《马可福音》6:31)他将门徒与众人隔开,为他们创造一个休息的空间,赐予他们安宁,好让他们讲述自己的见闻,恢复体力和精神。耶稣对门徒们发出的这个邀请,对于今天的我们具有同样的意义。耶稣不断呼吁我们有意识地远离人群,好让自己在一个僻静的地方与自己融为一体,体验与上帝合而为一的境界。祈祷就是在一个僻静的地方回归自我,这种回归不仅仅是指与他人隔离的这段安静的时间,而且也指回归内心的真实。在祈祷中,抵达内心世界,在那里我们单独与上帝在一起,在那里我们是一和全部,与上帝、与自己、与整个受造物合而为一。耶稣给我们创造了安息,他预言,只要我们跟着他学,就能为自己的灵魂找到安宁之所。安宁始于心灵,我们必须首先让自己的内心平静下来,然后这种平静会作用于身体。气定神闲时,行动也会从容淡定,我们的动作就像从心灵的平静中流出来的一样,这样我们就能体验到上帝的安息。

第三节 走入安息日的安宁

公元一世纪末,《希伯来书》用一种新的神学观点回应了显然已经有些倦怠的基督徒,以鼓励他们坚持自己的信仰。很长时间以来,人们更多的是从《旧约》的角度来理解《希伯来书》。现在大家认识到,这位用最优美的希腊语写成《希伯来书》的作者是除约翰和保罗外《新约》的第三大神学家。他不是从犹太人而是从希腊人的角度思考问题,他不断解释《旧约》中的经文,以此向基督徒表明,耶稣基督对于当时的基督徒意味着什么,基督怎样使信众在日渐衰微的信仰中强大起来。作者还以相当独特的方式解释了《诗篇》第95篇——修士们在每天的晚祷告中常常以这篇开始。"你们今日若听他的话,就不可硬着心,像在旷野惹他发怒、试探他的时候一样……他们心里常常迷糊,竟不晓得我的作为!我就在怒中起誓说:他们断不可进入我的安息。"(《希伯来书》3:7—11)这里所说以色列人没有进入的安息不是指迦南,因为以色列人已进入了迦南,这里更多的是指上帝的安息(《希伯来书》4:9)。安息也不是指死亡带给我们的安息。《希伯来书》不是从时间的范畴而是从空间的范畴探讨安息的。上帝的安息是指他为我们在彼岸准备的地方。耶稣已经通过他的死在这个地方进入了安息。现在他已经为我们停在那里。如果我们相信,我们就能超越这个世界,现在就能享受到安息这个天堂般的所在。信仰使我们摆脱了眼前的这个世界,它将我们从生活的纷扰中解放出来,把我们带到彼岸的安息地——作为信仰的先驱基督已经为我们占领了这个地方。《希伯来书》没有把这个安息地看成我们死后才能到达的未来之地,而是现在就已呈现在我们眼前的天堂,我们就住在这里,只要我们坚信自己所期待的而不是眼前所看见的(《希伯来书》11：1）。我们虽身陷动荡不安之中，遭到四周的迫害、攻击、侮辱和伤害，但只要有了信仰，我们的心就能抵达基督所在的地方。这个彼岸所在同时也是个内心之地，是我们心里的安宁之所，是基督进入的最神圣的地方，是这个世界的纷繁无法进去的空间，在这里基督让我们分享神的安息。

《希伯来书》列举了数种行为，指出正是此类行为妨碍我们抵达这个既是彼岸的、同时又是内心的平静所在。第一种行为是冷酷，希腊词"skleros"意指干巴巴、枯萎、粗糙、坚硬、呆板、不舒服、严酷、闷闷不乐。那些硬心肠的冷酷无情之徒总是郁郁寡欢。谁对上帝赐予的生活心存不满，谁就找不到回归内心的道路。这样的人封锁了通向心灵的路，其生活流于表面，总是对自己不满，永远无法平静下来。

第二种行为是愤世嫉俗。希腊语中"parapikrasmos"一词的意思是激动、反叛、愤怒、痛苦。愤世嫉俗的人总是不断与自己和上帝对抗。痛苦在他心中不断发酵，心绪永远无法平复下来。从有些人的脸上就能看出他的愤怒和痛苦，许多年前所经历的伤害至今如鲠在喉，使他无法平静。他们会抓住每一个机会表达自己的痛苦和不满，让这些曾经的伤害一次又一次撕裂自己的心灵。

第三种行为是误入歧途。这样的人内心迷失了，走上了歧途。他的心到处飘荡,最后迷失了方向。这里指的不是外在的、行动上的四处闲逛,而是内心的一种飘忽不定。心不在自己这里,内心分裂了,它随着自己的思绪飘来飘去。一颗不平静的心无法与上帝和上帝的赐予融合在一起。妨碍我们内心平静的第四种态度是一颗邪恶和不信神的心,这颗心把神离弃了(《希伯来书》3:12)。这样的心是罪恶的,因为它不信,因为它在上帝面前关闭了自己,并且变得冷酷无情,它考验上帝,而不是让上帝考验它。作者在这里说的是罪恶的引诱,罪恶的欺骗,是罪恶使人心肠变硬。犯罪的人欺骗的是自己,而且这种自我欺骗使人冷酷无情。焦躁不安的人往往是无情的人,他们无法信任情感。最终他们会逃避浓厚的感情。因为惧怕进入自己的情感世界,所以他们总在不停地逃避自己,把自己关在生活的大门之外,因为世上不存在一种没有感情的丰富生活,而没有能力关注眼前、享受宁静,也就不可能拥有丰富的人生。

《希伯来书》说,只有信的人才能进入他安宁的国度,而且就在今天。每天都是我们能进入他安宁国度的"今天"。上帝在第七天停止了创造,为我们提供了一天的宁静,让我们享受他永恒的安息。《旧约》提到过时间尽头的安息,在这个尽头我们便能永远从工作中停歇下来。《希伯来书》则提到"今天"便可能实现的安息。只要我们通过信仰进入"他安宁的国度",在人生的每一个瞬间,我们都能够通过信仰进入这个平静的内心所在,上帝自己就安息在这里。这个地方是上帝在创造这个世界时就为我们准备好的地方。我们通过耶稣基督抵达那个地方,而耶稣基督作为先驱已经先我们一步了。

《希伯来书》把这个平静的内心所在看成"最神圣的地方",基督通过死亡的帷幕进入到这个神圣的所在,这个所在就是我们的内心,在这里我们虔诚而完整;在这里我们内在的一切都是美好的;在这里我们是完整的,没有受到罪恶和人心邪念的玷污;在这里我们和上帝合而为一。这里是我们的家园,因为那个秘密,即上帝自己,就住在我们心里。只有大祭司才能走近至圣者。那些异教徒,那些男人、女人、孩子和那些贩夫走卒是无法进去的。思绪和感情、激情和需要、忧虑和问题、内心和外在的喧嚣——所有这一切都被排除在外。在这里我们与圣徒在一起,与上帝合而为一,与自己融为一体。在这里我们真正是一而全,与宇宙合一,与一切合为一体,因为我们与上帝合而为一。

《希伯来书》把因基督得救理解为一条出路,基督是引领我们走在这条道路上的先驱。这是一条通向神圣之路,通向上帝安息之路,通向安宁之路。耶稣是我们信仰的倡导者和完成者,我们因对他的笃信而进入了安宁之所。在对耶稣的信仰和期盼中"我们有这指望,如同灵魂的锚,又坚固、又牢靠,且通入幔内。作为先锋的耶稣就为我们进入幔内"(《希伯来书》6:19—20)。在这里作者清楚地记得这样一个画面:我们人类在不安的海洋中漂泊,在生活的波浪中颠簸。在人生不平静的航行中我们的灵魂深处有了一个牢固的锚,它将我们锚定在平静的内在空间;锚定在神圣的密室——上帝安息在那里;锚定在基督身边,基督是我们成圣道路上的先驱和引路人,他和我们在一起,并引领我们进入上帝永恒的安息。

第四节 通向心灵平静之道

早期修道士在内心的平静中寻找心灵的支撑,因为这一时期基督教的影响日渐衰微,政教合一,精神的源泉已开始干枯。如同《希伯来书》一样,摇摆不定的基督徒面前出现了一种新的神学,为了鼓励这些缺乏信心的教徒,修士们想在荒漠里以一种新的方式吮吸《圣经》的泉源,并通过它的灵修精神焕发已经变得微薄的教会的生机。修士们想要遵守《圣经》的信条"不住地祷告"(《帖撒罗尼迦前书》5:17)。为了能做到不间断祈祷,他们想出了默祷的方法。默祷是指将灵魂牢牢锚定在内心最深处,锚定在《希伯来书》中所指的最神圣的密室。他们深信,在心灵深处有一个只有耶稣基督才能进得去的安宁所在,那里只有上帝。在这个静默的内室——我们的心房——不断回响着我们的祈祷,耶稣号召我们这样祷告(《马太福音》6:6)。而要进行这种不间断祈祷的前提便是保持心灵的平静。因此修士们所有灵修方法的目的都是为了达到心灵的平静,以便进入内心安宁的所在,在那里和上帝在一起,永不间断。

心灵平静的理想形象

在通往心灵平静的道路上,修士们所吸取的方法和观点都是古希腊各哲学流派已经奠定了基础并在实践中运用过的。在古希腊人看来,人生最重要的问题是怎样获得幸福。而且哲学家们所谓的幸福不是指外在的财富,而"在于拥有一种稳定均衡的状态"(《古代和基督教专科辞典》第一卷,页844)。通过平复激起心灵不安的情绪,才能达到这种内心的平和安宁。我们应该尽量做到不受情绪左右,将心念都集中到对上帝的向往。早期基督教神学家着重研究了斯多葛派哲学致力追求的恬淡寡欲(Apatheia)和绝对冷静(Ataraxia),并将其引入了基督教诺斯底派(Gnosis,早期基督教的宗教哲学派别之一——译注)学说。因此,亚历山大的克莱芒才会认为,只有通过与上帝的神秘结合才能实现心灵的平静。但是,基督徒单凭自己的力量是无法实现这种结合的,只能依靠上帝的帮助。埃瓦格里乌斯秉承了两位伟大的古希腊神学家克莱芒和奥利金的传统——他们将基督教神学和宗教精神与古希腊哲学的智慧结合在一起。埃瓦格里乌斯认为修士的目的在于冥想,并由此在上帝那里获得平静。但进入冥想状态的前提是恬淡寡欲。修道院所有禁欲和苦修的方法都是为了达到恬淡寡欲的状态。埃瓦格里乌斯认为,恬淡寡欲不是消除激情,而是一种内心平和的心境,一种不为情绪所困扰的状态。恬淡寡欲使得修士们摆脱了因激情而产生的病态情绪,激情不再令他们情绪失控,而是激励他们去追寻上帝。修士们将蕴含在激情中的力量运用到对上帝的渴望中。只有这样,才能产生一种充满活力的精神,有了这种精神,他们才能排除情绪和激情的纷扰,竭尽全力将自己的心牢牢系在上帝那里,从而实现不间断的祈祷和心灵的平静。

在荒漠中拜会过多位隐修神父的圣卡西安在其《二十四次会谈》中将东方修院的学说传播到了西方,他提到的不是恬淡寡欲,而是心灵的纯洁。心灵的纯洁是这样一种状态:修士们不再把自己的理想投射到灵性追求中,而是让自己在上帝面前变得透明,摆脱被自己歪曲了的上帝形象;心灵的纯洁是一种状态,这种状态中的修士完全透明,上帝的精神决定了他的一切。卡西安认为,心灵的纯洁与爱——纯粹的爱——是一致的。只有心灵纯洁的修士才能在上帝那里享受到真正的平静。卡西安在这里还提到了冷静镇定、泰然自若。

埃瓦格里乌斯和卡西安指出修行之道就是通向平静之道,以此不但回应了基督教诞生之初数个世纪的原始诉求,同时也满足了现代人的基本需要。这是引起自柏拉图以来古希腊哲学思考的基本问题,围绕这个问题进行的一系列探讨为西方世界指明了方向。对心灵平静的渴望不但引起了埃及荒漠中修行者的思考,同时也是我们这些饱受焦虑折磨的现代人所关切的问题。那么,怎样才能在这个纷繁混乱的时代找到心灵的平静呢?对于修士们来说,怎样找到内心平静的问题就是怎样成为真正的修士的问题。我们也可以说:这是一个怎样使人生成功的基本问题。一篇古修士箴言这样说道:

> 隐修师祖珀伊门向隐修师祖约瑟夫请教怎样才能成为修士。约瑟夫回答说:"如果你想找到安宁,就要在每做一件事时都对自己说:我——我是谁?且不要评判别人!"(《言论集》,页385)

在这里,成为修士即被看成"找到平静"。有两个特殊的途径通向这种内心的平静:其一是不断追问自己的身份。能够不断追问"我是谁?"的人,就会消除虚假的自我形象,不再以自我为中心。自我在这里被看成了所有不安的根源,它会不停地问:我受欢迎吗?别人重视我吗?我做的一切都对吗?等等。我认识许多永远无法平静的人,因为他们总是围着自我转,担心对自我关心不够。而"我是谁?"这个问题会引导我们回归真正的自我,回归到可以真正将自己称为"我"的那个点。这个"我"其实是一个秘密,我在这里接触到上帝原本为我创造的那个未被掺假的自我形象。对真实自我的追问将我们引向心灵深处——这个别人无法进去的所在,在那里我们能够找到真正的平静。珀伊门指出的第二个途径是不对别人妄加评论。我们往往习惯评论他人,即便没有大声说出来,但心里从未停止对别人评头论足,但这种评论妨碍我们保持自我,我们总在关心别人的一举一动,不放过他人的任何一个错误,从而达到逃避真实自我的目的。然而,这样做我们便永远无法回归自我,也永远无法找到内心的平静。只有追问真实自我、发自内心生活、不对别人妄加评论的修士才能获得心灵的平静,而隐修师祖珀伊门认为获得心灵的平静是修行的本质。

一次关于心灵平静的会谈

许多古代隐修士箴言都曾探讨过修士怎样才能找到心灵的平静。在此我只想阐述一下卡西安的几个论断。圣卡西安是中世纪最伟大、最重要的修院神学家埃瓦格里乌斯学说的传承者,是他将埃瓦格里乌斯最重要的学说传播到了西方世界。《二十四次会谈》记述了他与在埃及荒漠中修行的著名隐修士的谈话。在中世纪,它是除《圣经》之外拥有读者最多的书籍。在第18集中涉及的是人怎样才能达到心灵平静的问题。格尔玛努斯(Germanus)——这可能就是圣卡西安本人的匿名——向修士们询问关于修行的体验和规则,并对皮亚蒙神父提出了一个问题:"我们很想了解究竟怎样才能获得并保持心灵的平静。心灵的平静不仅仅意味着命令自己保持缄默,紧闭双唇,不说一个字——做到这点并不难。它更意味着自己的内心不失去这种平静。"格尔玛努斯认为只有在修道小室的孤独中,才能达到这种内心的平静。然而,皮亚蒙却认为:"只有通过内心深刻的谦卑,才能获得这种内在的平静,而且也只有这样才能保持这种平静。"谦卑意味着了解真实的自我,了解自己的软弱和可悲之处,了解诱使自己去隐瞒弱点的癖好。根据卡西安的论断,只有坦然面对真实自我的人,才能获得内心的平静。使人趋于平静的并非类似技巧和方法之类的外在途径,而是谦卑。只有谦卑才能令人有勇气深入自己的内心,接受自己凡人的本质和人性的特点。

遭受谩骂和挑衅时——也就是说在遇到与平静相反的情形时,最能反映出一个人的内心是否真正平静。皮亚蒙想告诉两位来访者:即便陷在世俗生活中,每个人都能够获得心灵的平静,日常生活的挑战是回归内心并找到心灵平静的途径。他讲了一则关于一位上流社会贵妇的故事:这位富有的女人想在世俗生活中为基督效力,于是请求主教给她一个照顾寡妇的机会。一开始主教分配她去照顾一位性情温和的寡妇,没过多久她来找主教,说照顾这位寡妇太容易了,于是主教又让她去照顾一位特别好争吵的寡妇,一有机会这寡妇就骂她。然而,这位贵妇却很感激主教,说"主教给了她一位最好的老师,教会她如何保持耐心。寡妇的辱骂对于她来说就像摔跤手每天训练前涂的油一样:正因为这样她才最终真正获得了心灵的平静"。

要通过与性格不好的人相处来找到心灵的平静,这种说法的确匪夷所思。我常听人抱怨,他本来想静心祈祷,可周围的人总是打扰他。与别人的矛盾也令他无法安心祈祷,一旦开始进行冥想,这些矛盾就会从脑海里冒出来妨碍他,让他无法平静。然而,卡西安的看法则不同,他认为通向心灵平静的道路上充满博弈,并将此与摔跤手每天的训练相提并论。正是因为周围那些不好打交道的人,才会使人抛掉幻想,不再以为心灵平静就是"自我感觉良好",就是安宁的氛围、令人感到惬意的平静。心灵的平静更多的是一种内心状态。只有不再感觉到伤害,才能在上帝那里找到了真正的平静。而正是每天都可能遇到的伤害迫使我回归自己的内心,在那里休养生息,因为那里谁也伤害不到我们。那个缄默的内室,除了上帝谁也进不去。

卡西安认为,只有让内心的敌人——我们"自己家里的人"(《马太福音》10:36)——闭嘴,我们才能得到真正的心灵平静。"只有我们自己家里的人不再跟我们作对,上帝之国才能在心灵的平静中实现。"当激情、情绪、需求和欲望无法再左右我们时,上帝之国就在我们心中。而检验我们是否已经获得内心平静的方法之一,便是外界的侮辱和谩骂再也不能激怒我们。卡西安在阐述这种内心的平静状态时引用了一个斯多葛派的论点——除了自己谁也伤害不到我们:"只要看清事物的本质就会发现,只要不与自己为敌,无论对方多么凶恶,都无法伤害到我。相反,如果觉得被伤害了,这不是因为别人攻击了我,而是我自己失去了耐心。这有些类似于营养丰富的坚硬食物,它对健康的人有益,病人却无法消受,它本身并不包含有害的物质,只是通过病人的状况才会产生不良的后果。"

这里所说的道理与时下流行的说法大相径庭。现在普遍都是抱怨别人搅得自己心神不宁,外面到处都是敌人:谩骂我的、诽谤我的、故意刁难想把我挤出公司的人,正是这些人让我不得安生。现如今人人都觉得自己是这个病态社会的牺牲品。可卡西安认为,如果在心中找到了平静,那么所有外在的人和事都无法使我们不安。如果与自己协调一致,与自己的阴暗面达成和解,那么别人的谩骂就无法诱使我们脱离平静。我们一眼就能看出,这些谩骂的言辞都是谩骂者自己内心分裂和不满的体现。修士们曾说过,真正的平静是风暴中的平静,是这个不安世界中的安宁。如果我们心系上帝,外面敌人刮起的风暴就无法将我们裹挟而去。

与愤怒抗争

埃瓦格里乌斯和卡西安都认为,修行者只有与九项欲求作斗争,并最终战胜它们,才能实现内心的平静。斗争并不意味着将其杀死,而是强迫它们为自己服务,将之转化为使我们的灵性生活充满活力和生气的力量。没有了激情,精神也会萎靡不振。如果修士能将激情融入自己的修行之路,它将成为生命能量的重要源泉。卡西安认为,与愤怒和淫荡的抗争之路尤为漫长。攻击性和性欲是两个最重要的生命能量,妥善处理好这两大生命能量的源泉,关系到我们是否能拥有美好的人生,是否能得到真正的平静。如果这两股力量没有融入人生的整体规划,就会不断妨碍我们去获得内心的平静。愤怒会撕碎我们,性幻想则令我们永无宁日。

有位女士晚上无法入睡,且一旦睡着又会马上醒来,如此持续数周,夜里只能睡四个小时,整个人都垮了。她说自己根本无法平静下来,夜里一直在想还有什么该干的事没干完,总觉得还有许多必须要干的事,比如该给张三打个电话,该祝贺李四生日,孩子们的事也没有安排妥当……这些想法在脑海里挥之不去,令她无法摆脱。在这种情形下,向她推荐一种放松的技术手段显然没有用处。我们必须首先让她看清令她感到不安的究竟是什么。通过交谈,发现她心里其实潜藏着对父亲的愤怒。她觉得自己似乎做什么都不合他的意。父亲原来很宠爱她,可自从她开始自己做决定后,父亲就通过刺激她的负罪感让她感到自卑,希望以此继续控制她。她干什么父亲都觉得不对。父亲生病时,她更成了替罪羊,他把所有的不满全部发泄到女儿头上。产生不安的前提是总觉得还有没完成的事情,因此,她必须先认清儿童时代所遭受的伤害,看清跟已故父亲的关系,否则她永远不会安宁。不安还表明,她必须通过积极的方式处理自己攻击性的能量,需要用愤怒来与父亲拉开距离,摆脱他的控制。假如做不到这点,父亲及其内在化的信息就会一直在她周围作祟,让她觉得自己永远达不到生活的要求。即便在上帝面前她也平静不下来,由于父亲的负面影响,她心目中的上帝也是苛刻的,不断地在向她提要求,无论她怎么努力,上帝永远都不会满意。在这样的上帝面前她永远都是罪人,这样的上帝形象永远无法给她安宁。她永远无法走进上帝的安宁,相反,她会觉得上帝就是那个让她永无宁日的人,上帝用负罪感折磨她,让她不得安宁。于是,愤怒成了一种将负面的父亲形象和上帝形象从心中驱走的力量,愤怒似乎创造了一个能让她获得平静的自由空间。

坚守在修道室

获得平静的一个重要途径是修道时在自己的会院里坚守。那些在修院中居住和劳动的隐居者常常会感受到诱惑,想逃离寂寞,回到世俗世界。他们认为即便在外面的世俗世界中,也能够照顾病人,帮助穷人,遵从基督的戒律。相反,在荒漠中修行却任凭人生流逝,没有任何人记录下他们的苦修,于是这一切变得毫无意义。这些想法会诱使他们离开会院。但他们的耳边会不断响起这样的声音:"回到自己的会院,坐下来,那里将教给你一切。"(《沙漠教父言行录》500)一则古修士格言说:在会院里不必虔诚,可以既不祷告也不斋戒,但就是不能将躯体扔到院墙外去。只要身体坚守在会院,内心的想法就会渐渐恢复正常。我们将面对真实的自己,虽然一开始会令人感觉不适,但只要坚守下来,在上帝面前认清自己的真实想法,它们就无法再控制我,而是很快烟消云散。外在的坚守渐渐产生出一种内在的稳定,一种内在的牢固和平静。

现如今,人们有数不清的逃离方式,只要坐上汽车便可以随便开到某个地方去。即便在家里,电视也能将我们带入陌生人的世界,它能给我们消遣解闷,让我们不再把注意力放在自己身上。帕斯卡(Pascal,1623—1662,法国数学家、物理学家、思想家——译注)曾说过,如今再也没有人能独自待在房间里了,他看到了所处时代的最大困境。如果帕斯卡看到今天的逃避手段要比17世纪多得多时,该作何感想呢?坚持忍耐、一心一意、甚至连书都不需要——要做到这些并非易事。也许我们会觉得不如利用这段时间学习,或者完成一些一直搁置的事情。但坚守在修院意味着有意识不做任何事情,只是静坐在那里,感知上帝的存在。这时候,心里会冒出什么想法?会思考些什么?什么会触及灵魂?也许会感到愤怒、恐惧和不满。修士们觉得自己的行为跟渔夫有些类似。渔夫静坐在水边,等着鱼儿冒出来,然后把鱼抓住,扔到地上。同样,修士们也应该警觉地坐在自己心灵的海洋面前,像渔夫一样静候自己的思绪和情绪冒出来,随即抓住它们,将它们扔到地上。然而,只要静下来仔细观察一下心灵之海,就不可能只是抓住那些冒出来的鱼,而且也能像照镜子那样看清自己,一位隐修者向来访者展示了这点:来人极力劝阻他,说这样离群索居毫无意义,于是他把这些人带到井边,往水里扔了一颗石子,然后让他们往里看,这时只看到水中的波纹。然后他让大家等了一会儿,等水波渐渐退去,井水便像一面清澈的镜子。勇于坚守在修院,静默地注视着心灵之镜,在上帝面前保持真实自我——只有这样的人才能找到通往真正平静的道路。

警醒的看门人

修士还喜欢用看门人的形象来比喻修行。埃瓦格里乌斯在一封致友人的信中说,修行就要像一位警觉的看门人:"要看好你的心灵之门,不要让任何不假思索的想法进去。要详细询问每个想法:你是我方的,还是敌方的?如果它是自己这方的,就会用安宁充满你的心房;假如是敌方的,就会令人怒从心头起,或者激起你的欲望。"应该仔细盘查每个想进入你精神王国的想法,看它是否属于你自己,它对你到底是有益还是有害。用这种方法能阻止别人强行霸占我们的心房,也能杜绝负面情绪在那里蔓延,将我们置于不安的境地。我们只能让那些符合上帝意愿、且不伤害他人的想法进入自己的内心。通过这种方式修士能保持内心的平静，主宰自己的心房，向上帝敞开心门。他希望上帝住进来，让平静充满他的心灵。

修士也将"看门人"这个形象的比喻所显示的态度称为"nepsis"，即警惕、戒备、关注和仔细认清自己的想法和情感。"nepsis"是通向心灵平静的重要途径。如果专注于眼前的一切，就不会轻易让冲突和纷争扰乱自己的平静。头脑清醒，镇定自若，因此谁也不可能主宰我，让我失去自我。镇定、平静、关注眼前、对自己遭遇的一切保持警觉——所有这些都是修士保持内心平静的方法。另一条通向心灵平静的道路则始于克服内心的忧虑。隐修师祖珀伊门建议一位到处寻找安宁而不得的修行者："去，到人群中去，隐匿在他们之中，对自己说：我没有忧愁。这样你就能获得最高的平静"。修士们也将平静称作"amerimnia"（无忧无虑、摆脱烦恼）是不无道理的。珀伊门所寻求的无忧无虑可以说是独辟蹊径。他要求修行者在人群中像不存在的人、不属于这里的人、陌生人一样生活，因为他不仅仅属于这个星球，也属于天国。如果能意识到心里有一块地方是超越这个世界的，就可以身居闹市依然保持平静。因为心里最深处的这块地方与外面的喧嚣毫无关联，这些喧嚣会让我们感到陌生。如果我们在日常活动中不在乎成败得失,不在乎别人的赞赏或否定,而是一心只在乎上帝的恩宠,那么无论有多少工作摆在面前,我们的内心依然会平静如水。

心灵平静的目的是心怀上帝,或一直心念上帝。如果每一次呼吸都伴随着祈祷,内心的祈祷就会成为对耶稣基督的不断想念。修士寻找平静不是目的本身,而是为了让他们无时无处不在祈祷,将全身心投入到上帝身上,与上帝合而为一。埃瓦格里乌斯认为这是首要的问题,他认为默祷是为了让修士们释放所有激烈的想法和忧愁,同时也会释放出所有关于上帝形象的想象。只有在静默中才能与上帝合而为一,才能体验到祈祷是上帝赐予人类的最伟大馈赠。"还有什么比跟上帝的关系密切更好,比活在当下更高?心无旁骛地祈祷是一个人能完成的最高级的事情"。心灵的平静、祈祷、冥想,这些在埃瓦格里乌斯看来是统一的整体。修行之道就是能在心灵的平静中无旁骛地祈祷,以达到与上帝的合而为一。

卡西安将古希腊哲学家埃瓦格里乌斯的学说传入了拉丁教会。他是圣本笃的主要见证者之一,后者被誉为西方修道院制度之父。圣本笃生活在公元 480 年至 547 年之间,在卡西诺山创建了一座修道院,并撰写了一套修会会规。他在会规的最后一章推荐了圣卡西安的两部著作:《会谈录》和

《制度》,并将其称为"修士道德指南"(《圣本笃会规》第73章)。圣本笃在其会规中将内心祷告定为前提条件。上个世纪,人们单从基督教礼拜仪式片面解读圣本笃,似乎他是一位伟大的基督教祭司。实际上,他首先是一位将东方修道制度的学说引入西方修道院的修士,其杰出表现在于超人的心理学智慧和不使任何人感到严苛的中庸适度。这也是《圣本笃会规》在众多修会中影响广泛,并给西方中世纪留下深刻印迹的原因。在本书中,我只想探讨圣本笃关于平静和不安的主题。

第五节 平静与不安

圣本笃在其《会规》的序言中偕同先知问主:"上主啊,谁能居住在你的帐篷里?谁能在你的圣山上休憩?"拉丁语中这里用的是"requies",其意为安宁、休息、休养。圣本笃认为修行之道便是在上帝的圣山上休养生息,而要上山必须经过艰苦的斗争、争战,必得遵守会规。修行最初往往十分艰苦,只有通过神圣的信条这个狭窄之门才能进去。但是,随后"我们将会心旷神怡,心怀爱的不可言传的欢乐,在天主信条的道路上奔跑"。圣本笃理解的平静不是无所事事,不是懒洋洋的放松,而是指宽广的胸怀和敞开的心扉所拥有的平静。沿着信条之路战胜了自我和狂热的修行者将在心里归于平静,与此同时心胸也变得很宽广,因为上帝安息在他心中。圣本笃所认为的平静,不是那种让修行者与世隔绝的自我满足,而是动身前往圣山的人也能找到的那种诱人的安宁。这是一种富有创造力的平静,修道院周围的所有人赖以生存的平静。它将成为所有需要修院热情接待之人的幸福源泉。

在中世纪,修行者常常用"otium"和"quies"来描述自己的生活。他们将修道院的生活看成"otium"——即内心的平静,它是获得智慧的前提,隐修者认为内心的平静是对天国安宁的预先体验。从根本上来说,修行者是"otiosus"——悠闲之人,是为上帝保持自由的人。相反,世俗之人则是"negotiosus"——忙碌之徒,有数不清的事情要做。为上帝保持自由,在上帝那里享受平静,清静无为,有闲暇去感受上帝——中世纪的修行者正是从这些看到了生活的本质。但真正的平静不能仅仅停留在平静本身,而是更多地体现在行动上。因此圣本笃首先要求修道院院长和内务总管这两个最重要的负责人具备内心的平静。

圣本笃要求内务总管具备冷静、睿智、客观和不令同修兄弟产生不快的素质,同时他也要顾及自己的情绪,不苛求自己,这样才能在履行职责时一直保持平和的心态。圣本笃向内务总管提出的这些要求,也是现在的经理人所应当具备的素质。如今,公司里因为管理者内心分裂而到处充斥着不安,忙碌的现象比比皆是。管理者无法控制情绪,会让周围的同事不知所措。圣本笃之所以向总管提出如此高的要求,是因为这样他才有能力管理好这个机构,才能让"在上帝的家里没有迷茫和忧伤的人"。他应该通过展示自己的沉着而营造出祥和安宁的氛围,以此服务于周围的人。现在许多人饱受上司的折磨,因为上司会将不安的情绪传染给下属。不冷静的人往往容易失去平衡,受制于周围的环境,任何一个矛盾都会消耗掉他们的时间和精力,使他们不能拉开距离,冷静观察和解决矛盾。总管不能意气用事,应该沉着稳健地处理事务。冷静达观是斯多葛派哲学的理想,它认为人应该做到泰然自若,不受情绪的控制,让内心的平静散发出来。修院总管只有具备了平和稳健的素质,才能正确处理与同修兄弟的关系,并让每个人都觉得备受尊重——即便他们提出了非分的要求。圣本笃认为,内务总管的重要职责不是取得多少经济效益,而是能使每个人都受到尊重,使修院内充满宁静平和的气氛,使每个人都能享有心灵的平静。悲伤令人不安,假如总管颐指气使,会令同修兄弟伤心气愤,由此而引起的不安也会对其经营行为产生不良影响。同修兄弟对总管的尊重和崇敬,有利于他取得良好的经济成果。所以,类似的经验也可以运用到对职业经理人的培训课程上,为他们今后在公司管理方面指明新的途径。

修道院的真正领袖是院长,圣本笃也要求他们在履行职责时平静镇定,并列举了种种影响其保持镇定的做法,他指出,修道院院长"不可慌张多虑,不可无度固执,也不可嫉妒多疑,否则他将会永无安宁"(《圣本笃会规》第64章)。多虑的人永无安宁的时刻,他很在意别人对他的评价,不会轻易忘记自己说过的每一句话。每次和别人谈话后,都会一遍又一遍在心里重复自己说过的话,并自责没有更好地遣词造句。他会不停地担心别人将怎样看待自己,是否失望,是否看出了他的不安和含糊不清。多虑令人饱受折磨,妨碍人们获得真正的平静。第二个妨碍我们平静的就是慌张,慌张意味着不安、暴躁、混乱。具有这种个性的人往往看不清事物的本质,也意识不到自己的冲动,而更多的是被自己的内心所驱使,像无头苍蝇一样四处乱撞。他无法冷静下来,脑海中的各种想法像风暴一样使之混乱不安,周遭人各种不同情绪左右着他。而修道院院长要面对修院兄弟许多负面的情绪,一旦自己陷入不安,他就无法再引领同修兄弟,同时,他身边也会弥漫着一团混乱的情绪,这种情绪像泥沼一样使所有人越陷越深,同时,他自己也不再可能清醒地领导修道院。

另一个产生不安的原因是无度,这也是现代人的特质。

人们总是对自己所需的、所要的、所能做到的一切不懂节制。贪婪无度的人总想得到更多,从不满足于所拥有的一切,无法享受当下。这样的人不能着眼现在,总是惦记还没有到手的东西,不停地盘算怎样赚更多的钱,怎样增加自己的财富,怎样使自己的事业再上一个台阶。仅仅看见朋友盖了一幢不同的房子,便会不满意自己的新房子。这样的人也无法享受假期,因为度假时他已经又在考虑明年该去哪里了。

妨碍我们获得内心平静的第四种心态是固执,即拉丁语所说的"obstinatus"。固执意味着:坚持己见、顽固、不懂变通,一旦做出决定就死咬不放。固执的人思想僵化,既不放手,也不接受。固执——或者像《希伯来书》中所说的顽固坚持——妨碍我们获得平静。固执的人会对一切超过自己认定的事情感到不满。也许有人会说,不变正是平静所要求的前提,可事实恰恰相反,越是牢牢抓住某些事不放的人,越不可能得到真正的平静。他想通过一个清晰的外在决定平静下来,然而,即便表面恒定不变,其内心也会激动不安,各种想法在心中争执不休,使他不得安宁。

嫉妒是体验真正平静的又一块绊脚石。歌德曾给嫉妒下过定义,说嫉妒是一种怀着满腔热情寻找、又会产生痛苦的激情。饱受嫉妒折磨的人深知它是怎样使自己不安的。做丈夫的相信妻子是忠贞的,但一旦想到她正在跟某个男人说话,那么一切理性的思考便不复存在。他完全无法平静下来,整晚都被嫉妒折磨着,直到妻子回家。同样,假如知道丈夫有个善解人意的漂亮女秘书,无论做妻子的多么努力地去相信丈夫,还是会遭受嫉妒的折磨。她会冒出无数个想法,猜测丈夫和秘书在一起的各个细节,永远无法平静下来,也根本无法消除嫉妒的想法和情绪。

第六种妨碍我们体验平静的心态是猜疑,拉丁语称之为"suspiciosus",该词源自"sub specie spicere",意即透过外表查看、暗地里打量、怀疑、猜疑某人。德语中猜疑(Argwohn)一词包含了"arg",意思是糟糕、丑恶、坏。"Argwohn"(猜疑)表示的是一种恶意的猜测,该词中的第二个音节"wohn"源自"wan",意同看法、希望、怀疑。猜疑的人对他人都有不好的看法,对他人不抱希望,心怀忧虑。这样的人多疑,不信任任何人,不相信任何事,对别人不寄予任何希望。这种猜疑和不信任令他不安,他谨防别人的伤害,觉得别人会把这个世界所有不好的事情都扣到他的头上,以便加害于他,所以必须时刻警惕。

修道院院长应该尽量避免这六种负面的心态,否则他永远无法平静下来。院长自身应该营造出一种祥和的氛围,才能领导好修院。问题是他究竟怎样才能找到这种平静呢?虽然圣本笃在其修院会规中没有指明这点,但是我们能从他所遵从的修道传统中找到通向平静的道路,即深入剖析九大欲求以及自己的所有想法和情绪。如果能感受和承认自己的所有欲念,就不会将自己压抑的需求投射到别人身上,也不会将恐惧和愤怒转嫁给他人。能与自己的欲念和解,别人也就无法侵扰自己的平静。我们会变得泰然自若,与自己和自己的欲念协调一致。而了解人性的特点,就不会轻易被别人的攻击和敌意所激怒。我们甚至可以去相信那些曾加害自己的人也有一颗善良的心。这种信任让我们在一个大的团体中仍能保持平静。假如仅仅出于担心别人因不够成熟而触犯规定就去监督每一个人,会令自己持续不安。我们不得不时刻警惕他们的一举一动,以免影响团体或企业的利益。然而,正是不信任使得这种监督程序化,反倒无法达到目的,也永远不能使人安然入睡。

圣本笃以此表明,平静并不仅仅是指修行者只关注自己,也不仅仅是向上帝敞开心扉,它更多的是实现有效的行动和富有成果的领导的前提条件。一个人的内心是否真正平静,恰恰反映在其行为上。行动时从容、承担责任时淡定、处理日常矛盾时心平气和——这才是圣本笃所指的真正的平静。他的这些学说不但将东方的修行之道传入了西方,也为今天的人们指明了方向,它告诉我们在世俗的社会中怎样才能踏上通向心灵平静的道路。如今,许多在企业、教会和社团担负责任的人,都渴望能在喧嚣中保持内心的平静,心平气和地解决工作中的问题。在行动中保持平静——这是圣本笃的箴言"Ora et labora"(拉丁语,其意为"祈祷与工作"——译注)向我们宣布的纲领。在管理中是被问题牵着鼻子走,还是心态平和地解决所面临的矛盾——这二者之间有着清晰的区别。假如我被卷入矛盾中,就会变得麻痹大意,失去热情与活力,纠缠于谁是谁非,找不到解决问题的方法。而一旦我能泰然自若地看待一切,便更容易找到走出绝境的途径。

我认为,圣本笃的纲领使今天的人们有机会找到一条在世俗的纷乱中保持平静、并进而对这个世界产生积极作用的道路。在电视里看政治家和经济学家讨论问题时,我们很少看到这样的平静,双方都在热衷反击别人的批评,为了凸显自己,每个人都会不顾别人的颜面。我们也很少看到内心承受必须战胜对方压力的人说话时能镇定自若,更难看到他们内心的自由。相反,看到的更多的是神经紧张、精神疲惫和焦躁不安的脸,这样的人无法进行真正的谈话,而且这样的讨论也往往很难继续下去。

第六节 不安的心

除卡西安外,圣本笃也不断从圣奥古斯丁的著作中吸取营养。奥古斯丁曾走过一条崎岖坎坷的道路,他到处寻求真理,却一再遭受失望,直到遇见了《圣经》中所描述的上帝,才平静下来。在其自传体著作《忏悔录》中他这样写道:"主啊,我们的心灵始终无法安宁,直到有一天在你那里找到安息之所。"奥古斯丁通过自己的人生经历了解到,上帝创造我们时便将我们放在了他身边,我们只有在上帝那里才能找到安宁。只有上帝才能满足我们最深的渴望。奥古斯丁认为,人的本质就是渴望,渴望成功、财富、朋友,渴望找到一个爱自己的人。而在这一切中,人最渴望的还是上帝、真正的故乡、绝对的爱和绝对的安全。在《忏悔录》中他问:"谁让我在你那里得到安宁? 谁能让你进入我的心田,将心灌醉,让我忘记自己的罪恶,拥抱你,我唯一的财富?"他自己给出了答案:"我们的心灵始终无法安宁,直到有一天在你那里找到安息之所。"

《忏悔录》是第一本神学家的自述,而正是由于其主观性,才可以说这是一本具有现代意义的书。奥古斯丁仔细审视自己的内心波动、不安和对上帝深深的渴望,这种渴望让他在种种不安中得到满足。我认为,虽然有时代的局限性,奥古斯丁仍不失为一个具有现代思维的神学家。他相信,每个人——即使从外表看上去多么不虔诚——心底仍然渴望上帝。人们不安地四处寻找幸福和满足,而驱使人们去寻找的最大动力就是对上帝的渴望:不管是狂热地投入一个团体的工作,还是拼命积累财富;是爱上一个又一个女人,还是为争取更好的生活条件而努力,这一切归根结底都源于对上帝的渴望。只要深究就会发现,到底是什么在折磨着我们。假如我们渴求的是财富、性爱、满意的假期,那么我们很快就会发现,无论多少财富、多么漂亮的女人、多么无可挑剔的假期都无法满足我们的渴望。归根结底我们渴望的还是上帝。只有认识到上帝才是我们所渴望的目标,才能遏止我们对幸福的不懈追求。奥古斯丁将对上帝的这种渴望用各种不同的形态表达出来,如:对极乐和幸福的渴望,对真诚友谊的渴望,对故乡的渴望。

想要抑制心中渴望的人往往会通过对某种东西上瘾来替代心中的真正渴望。上瘾往往是某种被压抑的、不被承认的渴望的体现。上瘾迫使人去寻找一个又一个新的满足,有些人必须不停地喝酒或吸毒,工作狂从来不会满足,他被自己的狂热所驱使,不得不拼命去干更多的工作。今天许多人感到不安,是想控制某种欲望。这些欲望令人永不满足。归根结底,渴望就是紧紧抓住哺乳的母亲不放。人们总是想把母亲留在自己身边,因为母亲能给予自己所需要的一切。但是上瘾成性的人却无法在替代品那里找到孩子在母亲怀里得到的安宁,相反,他会因此不断遭受折磨。他恼恨自己还如此依赖母亲,依然无法从母亲身边走开。他自责,于是开始喝酒,不停地喝。久而久之,这种嗜好就成了一个恶性循环,它让人越转越快,直到瘫倒在地,走向终结。问题在于我们该如何从这种恶性循环中挣脱出来。

奥古斯丁认为,通向平静的道路在于不断与自己的渴望接触,将我们的癖好转化成渴望。在渴望中,我们得知自己拥有一颗在世俗彼岸的心,它超越于这个世界之上。如果我们了解自己的渴望,就会完全认同自己所拥有的生活,告别关于生活的幻想,而正是这些幻想令我们不满。我们的人生完全不必完美无缺,也不必满足我们的所有愿望,它总会留下一角,那是只有上帝才能填满的一角。假如我将对上帝的渴望理解成最本质的激励,是它让我保持生命力,那么一切都会变得都是相对的。是否成功并没有决定性的意义,对自己的职业是否满意也不再重要,我能对一切泰然处之。因为在渴望中,我心里有一个点是超越日常生活之上的,而这个点是我摆脱人生喧嚣中的休憩地,它将我从努力实现自己愿望的不安中解救出来。假如知道只有上帝才能满足我们心中最深切的渴望,便能从容淡定地认可自己的人生,无论是高潮还是低谷,也不管有多少艰难险阻。

第七节　今天通向安宁的道路

灵修的传统为我们回归平静提供了许多方法。灵修方法的首要目的无疑不是为了追求平静,而是为了祈祷。神职人员的基本职责就是教我们如何祈祷才能与主合而为一。埃瓦格里乌斯认为,修行的最高目标就是一心一意祈祷,而要做到这点,就必须做到不被自己的思绪、情感、激情和需要所左右。然而,单凭意志我们无法将思绪推到一旁,要达到心无旁骛的境界,必须经历一个漫长的心灵搏斗过程。因此对于早期修士来说,找到一种正确的修行方法至关重要。埃瓦格里乌斯认为,努力不得法,其努力也是徒劳的,所以神父才会如此重视选择正确的修行之道。正确的修行方法必须顾及到人的心理,它不能与人的心理结构相冲突,必须符合洞悉人类心灵的心理学规则。传统上有过许多无法令人醒悟的修行方法,其结果只是压抑了人的心灵,但是,真正的灵修传统却一直坚持将人们引向实在的生活,引向自由和内心的平静。

即便传统上有许多可行之道,我们却无法同时逐一尝试。每个人都必须找出符合当下心境的方法,不能只对其中某种稍做尝试,就马上转向下一个。我们必须坚定地沿着这条路走下去，才能到达目的地。但是，我们不能仅仅因为这些方法是行之有效的，就干脆将之拿来套用，而是必须细致地去感受一下，究竟什么才是最合适自己的。而且我们应该回顾一下个人的生活习惯和生命历程，从中发掘通向平静和上帝的道路。在进行灵修辅导时，我总会询问来者小时候在何时何地感到最舒服。什么地方他已经完全想不起来了，而什么地方他至今仍历历在目。假如他能对这些问题进行深入的思考，就能找到一条帮助他回归自我、平复情绪、向上帝敞开心扉的道路。有两个线索在我们的谈话中会交织出现：习惯形成的方法和本能找到的方法。然后，我们就能从中找到一条使自己平静下来、与自我和谐相处、与上帝合而为一的道路。

冥想

通向平静的传统之道是冥想。自公元三世纪开始基督徒所练习的冥想，就是将呼吸的节奏与一个词句联系起来。对呼吸的关注会将自己的意识引向内心，使人心平气和。只要我们将注意力停留在头脑里，就总会感到不安，因为头脑很难平静下来，思绪会不停地四处游走。呼吸时我们可以想象，将头脑中冒出的各种想法一起排除出去。坚持做一段时间，内心就会变得平静，然后就可以将呼吸与某个词句联系起来,比如,我们可以在吸气的时候默念说:"看",在呼气的时默念:"我在你身旁"——这是主的承诺,通过先知以赛亚说给我们听。做这种冥想练习时根本不必集中注意力,而是对所有想法和感觉都说这句话。所有的想法都可以冒出来,但是我们不再绞尽脑汁去思考,而是将之保留在呼吸和词语中。于是,思绪和情感就转变了,它们不再那么纠缠不休。即便反复冒出来,但在这潮水般涌来的思绪中我们仍能凝神静气。将言语和呼吸结合在一起,我便有了一个锚——一个在汹涌澎湃的思绪中将我的心灵之船牢牢系住的锚。

另一个方法就是根本不去关注这些想法,而是用语言将之固定住并集中精力,让精神沿着语言的楼梯下行,直到那充满宁静的所在。我将对"上帝安息"、对内心宁静之所的全部渴望都放到语言里、呼气中。这样,在某个瞬间,我的语言和呼吸就能将我带到那个地方,在那里一切喧嚣都不复存在,所有杂念都归于平静。神秘主义者坚信,我们心中有一块缄默的地方,那是上帝安息之所。我们的想法、情感、计划、思虑、狂热和伤害都无法进到里面去,满心期许和要求的人也无法涉足。这里是平静的所在,我们无须专门创造这样一个空间,它早已在我们心中,只是我们常常把它封锁起来。冥想又将我们与这个内心所在连接在一起,脑海里也许依旧波涛起伏,思绪难平,但内心深处却是波澜不惊,因此,我们能让自己沉下去。肯·维尔伯尔(Ken Wilber)将冥想比作潜海,海面波澜起伏,但我们越是往深处潜,下面越是平静。冥想就是潜入内心的平静——那种基于我们内心、潜藏在我们心底的平静。"归于平静"意味着,平静已经在那里,无须我们先创造出来。它是心里的一个空间,一个我们可以到达的空间。冥想是一条通道,可以引导我们进入平静的内在空间。

冥想并不意味着必须总是悄无声息,无须承受必有所作为的压力,冥想也与专注无关,各种想法都会不断冒出来,我们无法停止思考。但是,假如我们不去关注头脑中的想法,而是通过语言和呼吸潜到心灵深处,在某个时刻心灵就会获得真正的平静。这一刻,我们能接触到自己的本质,能全身心感受自己,感受上帝。我们的心中会出现一个平静的空间,这里谁也进不来,谁也无法接触到我们,侵扰我们。在这里我们真正找到了平静。如果下一个瞬间思想开了小差,或者又出现了什么问题,我也不会再生气,因为我知道在内心深处有一个地方,任何东西都无法侵入,我可以单纯待在那里,这是上帝在我心中安息的地方。上帝将我从内心和外在的不安中解放出来,让我摆脱他人对我的看法、期望和评价,免受别人的嫉妒和伤害。仅仅凭借我体会和感受到这种内在平静的数个瞬间,就能使我获得足够的情感去应付余下的生活。不管外面的世界多么纷乱，心中仍有某些无法被触及的东西，那里是一个任何外在的要求和冲突都触碰不到的平静之所。

通过身体获得平静的方法

早期修道士知道有时冥想对我们毫无帮助。他们建议那些被激情和欲望撕扯的人先围着修院走几圈。在激动的情况下，我们最好先通过较长时间的散步和林间慢跑来消除不安。行走中，我们能摆脱不安和困扰我们的问题。丹麦宗教哲学家克尔恺郭尔（Sφren Kierkegaard, 1813—1855，丹麦哲学家、神学家、作家——译注）曾体验到没有什么烦恼是不可以通过散步消除的。平静地跑步也能摆脱那些恼人的事，然而，如果在慢跑时担心速度过慢，或一边跑一边数离预期的公里数还差多少，就根本无法抛却烦恼。我们必须完全沉浸在运动本身，在运动中承受内心的激动，并使之平静下来。散步后回到房间冥想要比先前平静得多，一切内心的不安都消失了。在如今这个激烈动荡的世界，我们尤为需要通过这种充满活力的方式来驱除不安。除了散步和慢跑外，养花种草之类的事也是很好的放松。我们能通过身体的运动来消除内心的不良情绪，会平静得多。

自体放松或肌张力正常训练是通过身体的运动实现心

灵平静的另一途径。我们试图通过这两种方法将意识转移到身体上。自体放松是通过自我暗示产生作用,比如,通过想象能感受到右臂变得又热又重。通过放松身体也能使内心的焦躁平复下来。对于许多人来说,自体放松训练是摆脱工作归于平静的良好途径。在肌张力正常的训练中感受到身体本身所固有的紧张,通过将气息运到身体的紧张部位,消除紧张感。身体上的紧张往往体现了心理上的纠结、所承受的压力、自己的坚持和固执。通过身体上真正的放松,心灵也会获得真正的活力。不安消除了,取而代之的是一种富有创造力的平静。

我认为,通过身体获得平静的途径意味着用动作和姿势告诉上帝,究竟是什么让我激动不安。有时,坐着也非常不安,即便将注意力集中到呼吸上,想让呼吸将我引入平静,但不安依然困扰着我。在这种时候去织围巾,让自己的思绪完全集中到双手上会更有帮助。这种动作会使人平静下来,因为它能分散注意力。持续保持一个动作,内心的焦躁就会停止。什么也不必想,什么虔诚的话也不必说,只要保持一个姿势,这个姿势可以是摊开双手——我双手将自己交给主,双手捧上的是我的全部,是我最在意的一切。能看清一个人手中的东西,就能洞悉这个人的本性。我用双手捧上心中的一切交给主,就能感到一切都由主照顾,主承担了我的一切。

有时,我喜欢采取另一种姿势——将身体摆成十字的姿势。夏天清晨 5 点 45 分我会沿着小溪去参加修道士的晨祷,我有时会以这种十字的姿势融入清晨的阳光和新鲜的空气中,感觉到内心的统一,感觉到我与上帝创造的世界、与上帝、与自己、与所有人都是一致的;心中不再有天与地、精神与本能、灵性与肉欲之间的分裂,所有的一切都统一起来了。这对于我来说是一种深刻的体验,我无法简单施个魔法把它变出来,也无法通过某个姿势体验到。但当我展开双臂时,却能体会到与所有人一致、与万物融合是一种怎样的境界。

与不安交谈

许多人抱怨,每当想拿出点时间给自己时却总也无法平静下来。他们想静下心来,却总有想法不停地冒出来。要祈祷或冥想时,却又被如潮水般涌来的思绪淹没。修士们建议要认清这些想法,必须先专心理清自己的思绪,因为它们恰恰反映出我们的问题所在。如果能仔细认清这些想法,并将它们呈现到上帝面前,自己的心绪就能渐渐平复下来。这时我们才能真正开始祈祷。也许脑子里会冒出对某个同事的愤怒,我可以去尝试搞清楚愤怒的原因,但如果无论怎样静默冥想,仍然无法消除心头的怒气,那么这也许就是推动我在现实中做某种改变的力量。我可以去找这个人,告诉他我的不满与愤怒。或者与他拉开距离,让他再也无法影响到我。也许我会为自己没有真正生活过而感到悲伤,我必须直面这种悲伤,并通过它找到平静。这样做可能非常痛苦,但只有经历了这些痛苦,才能找到真正的平静。假如对自己的悲伤视而不见,它就会一再折磨我,或者以一种纠结混乱的不满和不安表现出来。

有些人认为,那些冒出来妨碍他们祈祷和平静的想法微不足道,以为祈祷并不会带来什么,也没什么用处。但即便如此,意识到这些表面的想法也同样重要,因为这是我们的一部分。我们本身就是肤浅和平庸的,常常纠缠于这些表面的事情。我们可以问问自己为什么会觉得这一切如此重要?究竟想用这种表面的想法来回避谁?也许在这种表象下我们会发现一些令自己不快的东西,会碰到自己的真正问题。平静时脑海里的所有想法都有着它自身的含义,我们应该观察它而不是评价它。应该与这些想法对话,让它说出存在的理由。有时候,不安表明眼下的这种冥想方式根本不适合我,是我强加给自己的。这时,不安是在告诉我,我还没有达到目的,必须继续到别的地方寻找,直到找到适合自己的祈祷方法。或者不安也许想告诉我,首先必须搞清楚自己心中许多未了之事。经常冒出来的那些微不足道的想法往往会掩盖那些隐含着的本质问题。也许那些表面的想法只是我内心火山上的盖子,因为我害怕正视这座火山。

有位女士总是抱怨祈祷对于她而言纯粹是浪费时间,因为祈祷时她一直在想一些毫无意义的事情。她希望找到一个诀窍,可以一心一意祈祷,并经受住超我对自己的评价。过了很久,她才透过这些表面的想法,看清自己真正的需要和没有真正生活过,是这些妨碍了她的祈祷。如此看来,这些妨碍祈祷的想法对她而言反倒是有好处的,因为只有认清了真实的自己,她的祈祷才会更加虔诚,生活才更加可靠,她终于挣脱了在精神道路上强加给自己的束缚。她想摆脱不安,首先必须与自己的不安达成和解,这样才能在更深的层面找到真正的平静。不安的想法本身无助于了解她的根本问题,但再仔细观察,就会发现这些想法能使她避免为自己没有真正生活过而忧伤。这些平庸的想法如影相随,有时只是表达了我们内心深藏的对没有意义的生活的深深绝望。但我们不想面对这种绝望,于是便逃避到表面和肤浅中去,而由此产生的不安却让我们无法平静。有位男士跟我说,十五年来没有上帝的眷顾他过得很好,也没有感到若有所失,让他觉得不安的是自己一直心绪不宁。一位女士告诉他:"你陷入了精神病学意义上的不安。"直到在修道院待了较长的一段时间后,在自己的不安中看到了对主的渴望,他才渐渐平静下来。

　　破坏平静的最大敌人是我们强加给自己的压力。许多人想战胜自己的不安,却一直无法克服它。他们想通过冥想享受内心的平静,但在冥想中,他们却因为不断感受到内心冒出来的种种想法而愤怒了,甚至不能自持。这样的人往往会再次放弃对内心平静的追求。他们想摆脱不安,但不安却是无法摆脱的,只能释放。头脑中的想法层出不穷,我们观察它们,任由它们存在。它们有理由存在,因为我们心中的一切都有理由存在。我们能做的是退后一步,让这些想法待在原来的地方,留在我们的头脑中,但不让自我再接触到它。我们观察它,容忍它,但将它局限在一个地方,并告诉自己:我现在不再在意这些想法了。这样的想法可以一再出现,我们感受得到,并容忍其存在,但它们却无法再令我们感到不安,这是它们给予我们的平静。许多人想通过冥想马上得到的绝对平静,这对于我们来说是一个太高的台阶,只有死亡才能给我们带来这种绝对的安宁。只要还活着,我们就免不了要经受思维和情绪的侵扰。要容忍它们缓缓向前延伸,但我们却依然泰然自若。不安无法进入我们的潜意识,进入我们的内心,进入我们的本我。它只存在于我们的头脑和情绪中。

带来秩序的仪式

许多人都是在匆忙中开始每一天的,往往不到最后一分钟不起床,急急忙忙把早餐塞到嘴里,于是紧张忙碌的一天提前开始了。这样做会给自己带来许多不必要的麻烦,妻子儿女也同样闷闷不乐地一起用餐,谁也不愿受到打扰,空气凝重得似乎一点就着。随着这种无意识的、有害的仪式,他们进入了不必要的紧张和冲突之中。相反,如果我们以一种良好的仪式开始每一天,通过简短的祈祷沐浴在主的恩泽下,给自己留出一点吃早餐的时间,并有意识地享受这段时光,就能以一种不同的方式开始新的一天。我们将更加平静、满足、感恩和清醒。到了办公室也不会手忙脚乱,而是从容地处理一件又一件事情。办公桌上文件堆成的小山也将变得越来越小。同时,仪式会使工作中的一切井然有序,在忙碌中重新给我们带来平静。有位银行行长午休时常常有意去附近的教堂坐一会儿,他很享受这段时光,因为什么也不必干,也没人找他说话,只是静静地坐在那里。这重新给了他应对一天剩下时光的力量和平静。午间祷告和午餐后我最重要的仪式是小憩,这样我能放下上午处理的事情。一整天我都必须不断做出决定和采取行动,所以在午间小憩时投入主的怀抱对我非常有益。这样,半小时后我又能神清气爽地去面对新的任务。

仪式在工作结束时尤为重要。许多人在紧张工作后急急忙忙赶回家,一场争吵似乎又不可避免。妻子很高兴丈夫终于回家了,可他的心思却完全不在家里,满脑子还是白天工作中的种种问题,他更想清静一会儿。但是家庭其他成员却各有要求,孩子们在等着他,妻子也想跟他说说家里的事。而做丈夫的却心不在焉、态度生硬。因此,在工作结束后有一个小小的仪式颇为有益,这样可以分分神,将一天的所有不安全部释放掉。离开办公室前静静地待上几分钟,长嘘一口气,释放掉淤积在心头的不良情绪——也许仅仅这样做就够了;或者下班后一个人在车里安静一会儿,不马上开车,有意识调整好状态再回家;又或者在回家的公共汽车上尝试从心理上切断与工作的联系,以便回家后真正做到人到心到。我们无法立刻从不安转到平静,中间需要一个过渡的仪式,一个能帮助我们摆脱过去,着眼新鲜事物的仪式。

仪式告诉我们,人不可能总是心静如水,平静与不安之间的紧张关系是我们不可分割的组成部分。仪式是将不安转化成平静、重新建立秩序的因素,清晨我们为一天将要面对的问题不安时如此;平日工作中的紧张向我们扑面而来,或者将我们卷入其中时亦是如此。通过过渡的仪式从工作转向下班,转向"安息",我们也就摆脱了不安。仪式也是人生中不安和平静这两个阶段之间的过渡。人的心中有许多伴随着不安与平静而产生的根本变化,如青春期或中年危机。想将平静作为最高财富紧紧抓住不放的人是痛苦的。不安也有自己存在的理由,它能激发我们心中的某些东西,否则一成不变的平静将会使我们变得僵化。在经历了不安这个阶段后,也需要一个重新通向更加稳定和持续的过渡仪式。我们可以在某些有特定意义的生日——如18岁或者40岁、50岁——庆祝这种过渡性的仪式。这种日子使我们有机会再一次用言语表达令我们饱受折磨的不安,正是这些不安的感觉,能够让往事沉渣泛起、让新事见到天日。我们可以给过生日的人送上预示平静和持久的礼物,这礼物可以是我描述过的50位天使中的一位(参见《一年的50位天使》);也可以是一块象征某种经历或表达某种愿望的漂亮石头;还可以是一本让人归于平静的书;或者送上一次关于冥想练习的讲座,使之踏上灵修之路。

此类仪式也表明,不安有助于产生新的事物。假如我们长期被新的想法所困扰,却不知道自己究竟想要什么,也不必为此感到内疚。不安也是我们生活的一部分,它驱使我们继续成长,而不是过早停滞不前,它激励我们去过真正的生活。但是人生也需要能够沉下心来的平静阶段,否则不安就会成为一个独立的部分,令我们永远找不到自己原本寻找的东西。有时内心的平静恰恰需要一段时期的外在安宁才能表现出来。有时需要做更多的让步和退却,才能真切感受到内心的冲动,这种冲动虽然令人不安,但同时,它也告诉我们眼下的生活出了问题。

认清不安的原因

许多人抱怨自己总是无法平静下来,却并不深究原因。他们想控制不安的情绪,并从正面与之交锋,却永远无法战胜它。因为,人一旦控制了某些事情,就很难再平静下来,相反会变得紧张不安。大家可以做一个试验,看看如果一直握紧拳头会有怎样的感受,紧握拳头这个意象表现了对事物的掌控。一直紧握拳头会使我变得局促不安,血液无法流动。我无法放松下来,必须紧紧抓住,否则它就会又从手中溜掉。于是,安宁不再,取而代之的是一种僵化,我会忧心忡忡地牢牢盯着那些随时可能突发的事情,时刻关注那些使我感到不安的东西。

想真正平静下来,就必须与自己的不安对话,问问它到底想告诉我们什么。不安从来不是仅仅由外在的生活环境引起的,内心深处肯定有某种原因。假如一个人夜里无法摆脱某种想法,大概是因为他把这事看得太重了。也许他是个过分追求完美的人,会不停地思考自己所做的一切是否万无一失;也许他会担心有人对他不满;也许还会害怕上帝,因为他不相信自己能经得住上帝的考验。为了摆脱这些恐惧,他便躲到不安中去了,可能他也需要用不安来逃避自己必须面对的问题。比如,有位丈夫总是做出一副紧张忙碌的样子,其实是他害怕近距离地去观察自己与妻子的关系。他藏在行色匆匆的假象后面,是为了逃避婚姻中的问题。而且他还会给妻子搬出一堆理由,说自己没时间陪伴她完全是为家庭所做出的牺牲。而实际上,不安是一个很受欢迎的避难所,它能让人逃避令自己不快的问题。因此,我们必须认真观察自己的不安,认清它的本质,只有这样才能找到一条通向真正平静的道路。

如今,许多人都饱受失眠之苦,很难入睡,有时即便入睡,也会很快醒过来。如此持续数月,令人心神疲惫、精疲力竭。有些人试图靠药物来消除失眠,可这终归是一种应急之举。失眠往往与无法放松有关,许多人心里放不下工作和问题,无法听任上帝来裁决一切。他们无法把自己交到上帝手中,不敢放下,担心这样可能失去控制。他们想把生活掌握在自己手中,然而,越是想掌控一切,生活就越可能失去控制。想掌控一切的愿望往往令人寝食难安,而其神经系统也会由此渐渐陷入失控的状态。无法安然入睡的人终有一天会彻底崩溃。

问题在于我们该怎样对待睡眠障碍。既然睡眠障碍总是与无法放松有关,那么我们是否可以反其道而行之,干脆从正面去克服它,强迫自己入睡呢?事实上,我们根本不可能做到这一点,反倒会整夜在床上辗转反侧。虽然通过自体放松或肌张力正常训练放松自己,有助于入睡,但是,如果想通过自体放松强行入睡往往会失败。要默默对自己说:我睡不睡得着没关系,只要躺在这里放松一下就够了。一旦摆脱了必须睡着的压力,反而可能很快入睡。我个人则常常通过祷告入睡,这是一个能让人轻松入睡的简单祈祷。

还有的人尽管入睡很快,半夜两点又会醒来,然后彻夜辗转反侧,睁着眼睛等天亮,这令他们深感不安。这时,最好问问自己,上帝到底想对醒着的自己说点什么,也许他刚刚做了一个很重要的梦,应该好好把梦想清楚。也许失眠恰恰是上帝给了我们思考人生的时间,因为白天我们很少抽时间去思考。我们不应该抵触失眠,相反应该将之看成某种机会,因为它必定有着自身的含义。苦苦与失眠纠缠不休不如干脆起来看看书,累了再睡。还有的人则在失眠时开始祈祷,并思考上帝到底想对自己说什么。更有人为自己的亲人和朋友祈祷,于是,醒着也有了意义,不知不觉中他们又会安然入睡。

放心与信任有关。能放下自己的工作,是因为相信上帝会让一切朝着最好的结局发展。假如夜里还在冥思苦想：我做出的投资决定正确吗？美元和股价会不会出现与我的判断不同的走势？这些担忧毫无用处，反倒令人难以入睡。然而，即便彻夜不眠，也无力改变什么。要对自己说：我在这里为美元伤透脑筋，也不可能改变它的汇率，用不着白费心思。负责一摊事物的人所做出的决定关系到许多人，因此他们通常会思前想后，其本意完全是好的，他们在为别人操心，然而为别人呕心沥血时却没有关注自己和内心的平静。的确，只有认真思考，才能做出审慎的决定。但一旦做出决定，就必须听天由命，相信上帝也许会给这并非尽善尽美的决定带来更好的结果。假如能将自己的工作和决定都交给上帝，我们就可以安睡。

有时，不安和失眠还有着更深一层的原因。心中的不安会迫使我们去回顾一些没有了结的陈年旧事，有些以前被抑制了的需求可能会冒出来，或者又想到了过去所受的伤害。生活中错过的许多东西现在都要补上。许多抱怨自己心神不宁的人并不知道应该注意什么，即便是他们身边的人，也常常无法了解其真实想法。因此，与自己的不安进行对话是个好办法。我们可以问问不安：你想对我说什么？你想把我驱使到哪里？你想向我指出什么？我心里到底在想什么？有时脑海里会突然出现一些画面，一些童年时代充满愤懑和忧伤的记忆。比如,某位女士从未真切想到过父亲为了自己的需要而利用过她;某位男士还从未面对过这样的事实:自己总是力图去适应别人,只想做个听话的乖孩子,现在内心却升腾出一种反抗这种习惯角色的情绪,但他无法正确表达这种情绪。然而,在不安中他感到自己想改变些什么,因此,他应该感谢这种不安,因为不安让他更加仔细地观察自己的生活,完成未了的事情。

有时不安也会告诉我们必须改变目前的状态。有的人往往不知道到底是什么在折磨着自己,但仔细深究就会发现,长期以来自己选错了职业,他必须离开眼下的公司,或者至少迫切需要改变;有的人则发现家庭状况不能再这样继续下去了,必须改弦更张,终于不得不正视婚姻中的问题和养育孩子所面临的困境。他们希望最好能绕开这些问题,而且也许长年来一直就是这么做的,但令人饱受折磨的不安让这种状况再也无法继续下去了,它强迫我们正视现实。还有的人发现自己之所以不安,原因在于从小总在跟兄弟竞争,他孜孜不倦地工作,是因为自己承受着压力,一直想走在兄弟前面,要比他们更出色。而只有看清不安的原因,意识到自己的愿望其实就是想超越兄弟们,他才能控制自己的愿望,将不安释放出来。

不安中也蕴含着一种能量,这并不是说我们能马上重新控制不安的情绪,而是必须首先认清,到底不安要把我们逼向何方。不安告诉我们,生活有些地方不对头。我们并未与上帝为我们创造的独一无二的形象统一起来,总是强迫自己穿上并不合身的紧身衣。不安鼓励我们冲破这件紧身衣的束缚,它为我们开辟了通向自由的道路。我们不应跟不安正面交锋,而应该利用它所蕴含的力量,这样它就会自行消失。它完成了将我们送上新征程的使命,现在不再需要它了。我们必须认清自己的不安是否有益:有时不安不但不会让我们停滞不前,反倒能推动我们完善自我,改变自我;有时不安是无可救药的,它使我们无法活在眼下,对真正必须要做的事视而不见。这种不可救药的不安只会让我们内心分裂,此外毫无用处。

有时,不安也是我们对什么都不满意的表现。这是一种完全没有针对性的萎靡消极的态度(修士们将之称为 Akedia)。我们根本不知道,不安究竟想把我们推向何方,它更多地是指出一种普遍的不满情绪和内心分裂。究其根本而言,是我们排斥自己的生活、经历和才能,而且还与上帝作对。我们总是依赖自己从生活中获得的幻觉,而这些幻觉常常反映了我们无法摆脱的幼稚和自大。不安迫使我们与这些幻觉告别,并最终肯定自己,肯定自己的历史,肯定生活的现状,肯定这个并不完美的世界,最后肯定上帝——上帝往往不按照我们的想象行事,并且常常做出一些我们无法理解的事。

许多人恰恰在开始冥想和祷告时体验到不安,他们会为此感到失望,并很快放弃冥想,或者试图强迫自己平静下来,但很快会觉得头疼,心中的不安越来越大,也只有这种时刻不安才告诉我们:在上帝面前还不得不看到那些让人不舒服的东西。在变得虔诚之前,我们首先必须认识到自己不虔诚的一面,认识到心中对上帝的不满、失望,认识到我们不信神的一面。也许,不安还表明,我们尚未找到为自己规定的心灵轨迹;也许我们采取冥想的方法,只是因为希望由此得到别人的赞美,或是看到了冥想包治百病的作用;也许我们首先应该回顾一下自己的生活经历,看看幼年时的心灵轨迹,了解一下在幼年时为了让自己感觉舒服,我们出于本能干过什么,什么才完全符合自己的意愿。这些时刻最终也成了我们的心灵体验,因为我们只有与上帝合而为一,才能完全与自己保持一致。在进行精神辅导时,我常常碰到一些人,他们掌握的往往是别人的修行方法,并不折不扣地遵从,为此他们必须不断与自己的内心阻力作斗争。于是,我建议他们遵从自己的心灵轨迹。只要在冥想时还感到不安,就是还没有找到自己的心灵轨迹。我们应该严肃对待自己的抵触情绪,当然这种抵触情绪也可能意味我们必须更加坚定,不该听由自己的情绪摆布,而是应该倾听自己内心的声音。但是抵触情绪也可能表明,我们正在跟内心深处最根本的愿望作斗争。我们应该找到自己的心灵轨迹,因为是它把我们带到这个世界,并将我们引向上帝。

警醒

由不安走向平静的方法之一,在于有意识地去感受一切,留意生活的每一个瞬间。不是与自己的不安较量,而是有意识地去感受它,去留意不安时我们的内心到底发生了什么。这种审慎的关注改变了不安,我任由它存在,而不与之较量。于是,不安虽依然存在,但却无法再控制我,心中关注不安的那个点也不再受影响。虽心怀不安,我却依然快乐,这比强制自己去克服它更容易令人平静。我注意到不安是怎样在思维中和身体里表现出来的,观察它怎样出现,怎样变得越来越强烈,又怎样渐渐平息。我有意识地去感受自己的不安,而不为它所左右,由此我虽身处不安中,却依然可以平静下来。

注意力来自关注、留心、考虑和深思。我们的行为都是经过深思熟虑的、谨慎的、自觉的。如果做事非常认真,对自己所做的一切都了然于心,对所做的任何事情都全情投入,做事时身体和心灵就会积极协作。专注意味着每一时刻都完全投入，感受到眼前的奥秘、时代的奥秘和生活的奥秘。对自己所做、所感和所采取的手段都心知肚明。我们有意识地、专心致志地把铅笔或车钥匙之类的工具握在手中，小心谨慎地使用电脑，做事手到心到。我们能感觉到有什么在心中激荡，却不会担忧身体内的某种活动是病症。走路时步步留意，感受自己的身体、肌肉和皮肤。当然，我们无法时刻都保持清醒的意识，否则这又成了一种苛求，但每天在某些时段保持专注，却是一种很好的训练。专注有时也能成为一种仪式，我们非常留意地离开自己的屋子，谨慎地穿过街道，一心一意地感受室外的冷空气和从身边刮过的风，或者去感受照在身上的阳光，尽情享受每一步，并去感知：我在走路，在聚精会神地走路，我完全沉浸其中。

这种专注固然无法产生新的作用，但在聚精会神的同时，我们会敏感地发现，在许多事情上自己是多么的心不在焉。不过我们依然不加评判地接受这点，而不加评判地接受会带来平静。不安的原因往往在于我们会评判自己所做的一切，可大部分时候其衡量标准又不符合自己的准则，于是我们就会对自己和这个世界感到不满，并从心底产生出一种说不清道不白的不安。如果我们不加评判地去有意识感知真实的存在，就可以听其自然，而不必非得改变它。如果我们听任事情的存在，它自己就会产生变化。如果我们容忍自己的不专心,而不是与之较量,这种不专心就会渐渐转化成专注,不必采取复杂的方法和技术手段。我心平气和地接受自己的不安情绪,感受到心中有各种情绪此起彼伏,但是这个"我"却依旧平静。这个"我"是一个不观察的观察者,是超个人心理学所指的精神自我。无论心灵多么激荡,外部世界多么动乱,这个精神的自我依然平静如故。

专心的另一个同义词是聚精会神。聚精会神的人即便在纷扰中也能集中注意力。他与自己的内心达到了统一,与自己和所做之事达成了统一,不为各种事情所左右。他将一切统一起来。"Sammlung"(聚精会神)这个词使人联想起所有以"sam"为后缀的词。"achtsam"(注意)将留心、考虑自己的行为、考虑自己所接触的事物在一瞬间都集中到一起。"behutsam"(谨慎)则将"监护"、"保护"与所做的事联系在一起,对自己所做的一起都予以关心、保护、监督,对自己所作所为时刻保持警醒。而"Sammlung"(集中)的意思又进入了"sanft"(温和)。"sanft"(温和)是指平静地对待周围的人和事。只要注意力集中,就能从精神涣散、心不在焉和心绪不宁的状态中走出来,专心致志、谨慎小心、心态平和地投入到所从事的事情中去。只要关注所接触的事情,就能平和地对待它。一个能关注自我、关注自己需求和愿望、关注自己爱好和情绪的人,就能心平气和地对待自己,并平静地克服内心的冲突。对身边的人和事都很关切的人,不可能是一个粗鲁和冷酷的人。能与别人相处的人,别人对他也会友善相待。

斋戒和静默

要想获得外在和内心的平静,具体途径之一就是斋戒,这一方法在今天重又受到普遍的欢迎。斋戒一个星期后,行动自然就会变得缓慢安静些,走路放慢了,感到无法承受急促带来的消耗。在平和的状态下我能干得又好又多。而一旦加快速度,就会感到头晕目眩,觉得自己无法承受这种紧张。至少在一开始,斋戒会迫使我去面对许多曾经被抑制的想法和感觉——特别是愤怒和失望,能体会到平时是怎样通过进食来立即抑制这种感觉的。人通过吃东西来堵住不良的情绪,让自己尽量不要去感觉到它。如果不为饥饿所支配,忍住饿,原来的身体作用过程就会被打断。斋戒引导我们去寻找其他途径来消除真正的饥饿。我参加斋戒疗程时,往往会同时进行静默,因为斋戒对于我来说具有某种宗教的意义,它将在寂静中把我袒露在上帝面前,袒露在内心世界面前。

德语中的"消除饥饿"(den Hunger stillen)一词揭示了我们熟知的身体运动过程。正常情况下我们通过进食来消除饥饿,母亲通过喂奶让孩子"安静"下来。通过让孩子安静下来,逐渐使之趋于平静。斋戒则以别的方式"消除"了我们的饥饿:它让我们了解到饥饿的根本原因,体会到饥饿其实是对爱、被爱、实现和满足的渴望,我们期待通过满足渴望而得到平静。母亲哺乳,对于孩子来说不仅仅是单纯地给予食物,而是充满爱的关切,正是这种爱的倾注让孩子平静下来。斋戒时我们放弃了饱足感,不再填塞食物,而是关注自己本来渴求的爱。斋戒带领我们超越这个世界,在内心深处听从上帝的召唤,因为只有上帝能消除我们心底的饥渴。

在星期三的晚祷中我们修士都会唱《诗篇》第62篇:"我的心默默无声,专等候神,我的救恩是从他而来。"(《诗篇》62:2)只有完全向上帝敞开心扉,让上帝消除我们对爱、亲近、安宁和满足的渴望,才能得到真正的平静。我们一直在食物中寻找满足,却总也找不到,因为无论吃多少,也不可能从此永远消除饥饿。在《诗篇》第131篇中,一位虔诚的教徒祈祷:"我的心平稳安静,好像断过奶的孩子在他母亲的怀中;我的心在我里面真像断过奶的孩子。"(《诗篇》131:2)祈祷者显然曾体验过,像母亲把自己的孩子抱到怀中一样,上帝曾以同样的方式让他平静下来。上帝之爱能消除我心底的饥渴,并将我带到真正的安宁所在。要想彻底消除饥饿感,而不是暂时通过填塞食物来充饥,就要在心里找到一块平静的地方。因为上帝消除了我最深的渴望。通向平静的良方便是不断问自己:"究竟什么才是我真正渴求的?"在斋戒时让自己的需求和愿望浮现出来,扪心自问,我到底渴望什么。然后用下列问题检验我的每一个渴望:"这是我最深切的渴望吗?或者我心灵深处到底在渴求什么?"这样,终有一天能找到那个只有上帝才能满足的渴望。如果将最深切的渴望袒露在上帝面前,我就能得到真正的安宁,找到真正能消除饥渴的平静。

简化生活

我们之所以常常心烦意乱,是因为总想同时做很多件事,或者屋子里的东西堆得太满。不久前,努贝尔(Ursula Nuber)在《今日心理学》杂志上提出了一些具体的建议,告诉大家怎样才能将生活中没用的废弃物和垃圾清除出去。她认为,许多生活用品,包括保存在起居室、办公室、地下室的许多东西,几乎不会再用,纯粹是到处拖着走的累赘。我们仅仅因为担心某天也许会用到某件家用器具,就会把它买下来,过一段时间后却发现,使用这些东西最多不会超过三次。于是,它们经年闲置在那里。然而,积累下来的东西不但使我们精神涣散,而且只会徒增负担。想要获得内心和外在平静的方法之一,就是将生活中并不真正需要的东西全部清理掉,以便我们有足够的生活空间,享受家里的平静。一个到处堆满东西的家,不再是个吸引人的所在。我们也无法在任何地方得以休养生息。到处都有物件在提醒我们,有什么东西可以用到,该用它来做些什么才不至于使之成为闲置一旁的废物。买回家的物品会常常迫使我们使用它。为了不白买这些东西,不得不拿它做点什么。我们强迫自己去找些事做,而不是单纯地享受闲暇时间,享受时间馈赠给我们的闲情逸致。

如今出现了许多以"简化生活"为关键词的图书。归根到底,这个主题就是以前被称作"禁欲"的主题。禁欲总是与自我克制和舍弃有关,而舍弃的前提就是拥有一个强大的自我。自我认同感较弱的人往往需要用许多东西来填补自己的空虚。他们总在追求更多的东西,以为拥有一切就能安心。但事实上,往往总是一个需求满足了,另一个需求又会冒出来。自我克制并不仅仅是强大自我的一个标志,而且也是一个增强自我的具体方法。当我放弃周围人所拥有的一切时,就会越来越多地找到自己的身份认同,会为自己不需要那么多东西感到自豪,自我价值也会由此得以提高。这样做的结果就是更多地保持自我,而不是让许多看似能满足自己需求的东西来左右自己。越是保持自我,心里就越平静。

在上帝那里找到安宁

《圣经》告诉我们,耶稣基督会给我们带来平静,上帝将引领我们进入安息日的宁静。修道传统也曾提到,只有上帝能将我们的不安变成平静——今天许多人都有过类似的体验。走上灵修之路的人都体验过自己怎样摆脱外在紧张带来的束缚。他像外星人一样看待自己身边的紧张忙碌,却不介入其中。他观察不安,不安却无法影响到他。在上帝那里找到平静的人,就不会再感觉到外部世界对他的控制。他体验到了《约翰福音》送来的救赎福音:我们虽然生活在这个世界,但是并不属于这个世界,救世主赐予我们永生,这个世界无权控制我们的生命。我们无法控制不安,但只要相信自己的根在上帝那里,而不是在尘世,就能将自己从身边的种种不安中抽离出来。我从世界彼岸的某个地方观察这种不安,从上帝那里观察这种不安,因为我已经与上帝合而为一。

《约翰福音》反映了这种在不安中对安宁的体验。在第一部分中耶稣不断与其对手辩论,人们把世上所有的不安和不满都发泄到他头上。但到第13章,《约翰福音》的风格却发生了改变。耶稣单独和门徒在一起,给他们洗脚,并谆谆教诲他们。耶稣的作别辞充满着深深的宁静,一种彼岸的宁静,因为耶稣从天父那里看到了一切,他死后会回到天父身旁。因此即便在叙述基督受难和被钉十字架这种充满不安的事件时,《约翰福音》的风格也不再压抑。受难过程中的耶稣安详、笃信,完全不受骚乱人群的影响。他关心的完全是其他事情——是在这个分裂和冲突的世界中上帝给予的启示。

耶稣在受难中与天父合而为一,这种体验消除了他外在的所有不安。在受难前不久,耶稣如大祭司一般为其门徒进行祈祷,让他们合而为一,就像他与天父合而为一一样。他们应该在这种合而为一中满全自己(参见《约翰福音》17:23),完全合而为一。希腊语中的"尽善尽美"(teteleimenoi)源自"telos"(目标、完整性、完美)。在古希腊宗教仪式语言中也会用到这个词,其意为正式加入神的奥秘。耶稣祈求他的门徒能了解这种合而为一的神秘境界,上帝本身是完全统一的。上帝跟他派到世间的儿子是合而为一的,他将天与地、神与人、光明与黑暗联系在一起。因此,我们也应该通过自身将天与地、上帝的本质与人的存在、精神与物质、高与低联系在一起,从而实现合而为一。

古希腊人认为,分裂和冲突本就属于人的困苦,人在天地之间、上帝与人之间、精神与欲求之间、男人与女人之间都会感觉到分裂和冲突,因此他们渴望合而为一,结束割裂状态。人应该重新获得原本从上帝那里获得的完整。耶稣回应了这种对合而为一的渴望。如果有人做到像圣父与圣子那样合而为一,那么他就体现了上帝在世上的荣耀。合而为一是体验到上帝的表现,它是照出上帝荣耀的镜子,这镜子在耶稣基督身上闪闪发光。它是上帝在这世上显露出来的荣耀、形态和形式。合而为一也是获得真正平静的前提条件。假如内心不再有冲突,自己内在的一切已经合而为一,假如上帝与人、精神与欲求、光明与黑暗、优势与弱点、阿尼姆斯(animus,指人格上女性身上的男性特质——译注)与阿尼玛(anima,指人格上男性身上的女性特质——译注)都合而为一,那么人的心灵深处就会变得平静安宁。

耶稣受难给我们指明了一条道路:即便处在生活的喧嚣中,即便像他那样遭到攻击、不被理解、受到侮辱,也可以保持这份平静。只要我们像耶稣和天父那样合而为一,只要我们身上的神性和人性合而为一,生活中的苦难就无法将我们从这种内在的统一中割裂出去。别人可以伤害、抨击、嘲讽、指责、中伤、恐吓、威胁我们,但这一切都无法将我们从与上帝的合而为一中撕裂下来。这一切都不会触及我们的内心,因为上帝在我们心中。耶稣对彼拉多(Pilatus)说的那句话也同样适合我们:"我的国不属这世界。"(《约翰福音》18:36)上帝安息在我们心中,他在那里主宰着我们。在那里,别人无法控制我们,我们不受任何限制,在那里,任何人都无法剥夺我们从与上帝合而为一中得来的平静。

耶稣的祷告给我们指明了通向与主达到一体的道路："父啊,我在那里,愿你所赐给我的人也同我在那里。"(《约翰福音》17:24)我们和基督在一起的地方就是祷告,东正教会认为,所谓对耶稣的祷告,就是教徒们心中越来越多地充满耶稣基督的精神。东正教会把耶稣的祷告作为全部福音书的概括,认为这是将精神与基督结合在一起,并通过基督与天父合而为一的途径。对我个人而言,近三十年来对耶稣的祷告一直是我冥想的途径,我不但在晨间冥想默念,而且白天走路时、等待时、或小憩时都会默念。我时刻不忘对耶稣的祷告,它令我在日常的纷扰中时刻能体会到与上帝的合而为一。吸气时说"我主耶稣基督",呼气时说"上帝的儿子,请垂怜我",默念时,我就在耶稣所在的地方。然后我体验到耶稣基督来到了我心灵的最深处,也来到了我原本最想在他面前关闭的心房。于是基督住进了我身体和心灵的各个角落,我也在他所在的地方。我在这里深刻体会到了平和,体会到了接受一切的快乐,体会到了救世主与我之间、他人与我之间、我自身的矛盾冲突中的合而为一。然后,最终从撕裂的状态归于平静,我完全在那里,在此时,和上帝在一起。

如果我和上帝合而为一,如果我的根基在圣神中,周围的不安就无法再干扰我。我虽感受到不安,但它不可能再进入我的内心深处,因为上帝安息在那里。上帝越是充满我的心房,不安的情绪就越少在我心中蔓延。对上帝的体验总是体现在内心的平静。在上帝那里我心灵的喧闹才会归于平静,那些常常足够让我撕裂的内心冲突才会平息。在上帝那里才是真正的平静,才是他赐予我们的安息。克劳斯修士写道:"安宁在上帝那里,因为上帝就是安宁,安宁是无法摧毁的,而不安却是可以消除的。"

每一条指引我们更深入地与上帝融合的道路,都是引导我们获得平静的道路:对于有的人是冥想,对于有些人是圣餐礼,而对于另一些人则是散步。有许许多多的途径令我们与上帝离得更近,而所有这些途径都不是克服不安、重归平静的简单窍门。没有一条通向平静的道路只停留在表面,每条道路都是通过了解自己真实的内心、通过了解上帝而达到的。最终是祈祷和冥想带领我们超越真实的自我,从而到达上帝那里,并在那里分享神的安息。

平静就是时间的满全

神与人、天与地之间的对立和冲突消失的时刻,就是时间与永恒交汇的时刻,这便是体会神之安息的时刻。真正的安宁总是与体验到永恒有关。奥古斯丁在思考第八日——即耶稣复活日——时就曾看到这点。他认为第八日是我们

分享神的永恒安息的时刻:

> 因为那种永恒的安宁在第八日会继续,它不会在这天结束,否则它就不会是永恒的。所以第八天就像第一天一样,这样原本的生活并没消失,而是被披上了永恒的外衣。

"八"是永恒之数,第八天没有夜晚。洗礼盆是八角形的,因为人们在洗礼中将身体浸入了神的永生。在奥古斯丁看来,第八天同时也是时间和永恒交汇的一天。这是他渴求的目标,他在时间中已经体验到了永恒。只有这样,他的灵魂才能归于真正的平静:

> 世间岁月如梭,今天已经逝去,明天还会来临,谁也留不下。我们在说话的瞬间也在彼此推移,第一个音节无法停留下来等候第二个音节。在谈话的过程中我们会渐渐变老,毫无疑问,此刻的我比今天早晨的我更老。所以说世间没有什么是静止不动的,随着时间的流动没有什么是一成不变的。因圣神有了不同时间的存在,我们要爱他,这样才可以从时间中解放出来,并被牢牢固定在永恒之中,永恒中不再有时间的变化。

奥古斯丁在其所处动荡的时代中渴望安宁。在安宁中，神的永恒就已在时间中；在安宁中，时间和永恒重合在一起。

时间和永恒在某一瞬间交汇，如果我们专注于这个瞬间，时间便静止了。在被日落的景象所深深吸引时，估计每个人都有过这样的体验，在这样的瞬间人们往往根本感觉不到时间的流逝。当我们全身心投入某件事时，就会忘了时间，时间会停止，我们只看到眼前的瞬间，纯粹的此时此刻，这就是对安息日的预知，我们现在就在分享。神秘主义者总是提到这种只在此刻的感觉，他们在这时体验到了神的存在。埃克哈特大师认为，人在与上帝的合而为一中超越了时间，分享到了永恒："这就是目的：在安宁中保持精神，与永恒交汇。"他在解释《加拉太书》第四章第四节时提到了"时间的满全"：

> 如果时间已经被充满，那什么时候是"时间的满全"——那是不再有时间的时候？当人们在时间中将自己的心投入永恒，让心中所有时间性的事物都死去，这便是"时间的满全"。

完全沉浸在对一朵花、一处风景、一幅画的欣赏时，我们能体会到这种时间和永恒交汇在一起的绝对平静。一旦全情投入,观察者和被观察者之间就不再有区别,二者完全融为一体,在这一刻时间也停止了。当我们倾听巴赫和莫扎特舒缓的乐章,将注意力完全集中在耳朵上时,也能感受到这种绝对的安宁。这样,我们在时间中接触到了永恒,在听音乐时,时间停止了。有时,在阅读中也会产生类似的体验。读一本书时,我们突然被某些东西打动了,无法继续读下去,停在那里,什么也没想。看似悖论的是,这种时间与永恒的交汇往往与人的感官体验联系在一起。我们正是在物质中感受到了精神,在空间中感受到了无限,在时间中感受到了永恒。当我们完全沉湎于感知中,就能感受一切,也能体会到绝对的平静。能让太阳照在身上,感受阳光给肌肤带来的温暖。如果专注于自己的肌肤,混乱的情绪就会平复下来,这时我的关注点全在肌肤上,而不再停留于只会产生不安的头脑中。精神进入了感官,并在感官体验中归于平静。于是,我们再次体验到了统一:精神与感官、时间与永恒融为一体。

对于我来说最重要的体验是倾听。70年代我常常去吕特的杜克海姆伯爵处。每次听他演讲,我的心情都无比平静。听了几次之后,我对他所讲的内容或多或少有了些了解,就会去想接下来他会讲什么。但这并不重要,重要的是,他所讲的东西能使我平静下来,许多想法不再涌现,不再冥思苦想,不再去评价他所讲的内容,而是完全投入地去听。听到他引用《圣经》中的经文时也是如此。如果演讲者把经文朗诵得很好,而且非常投入,我就会全神贯注地听,事后也不知道自己究竟听到了什么。但他们的话却能使我平静下来,给我的内心带来安宁。这些话触到了我的内心深处,我心如止水,因为上帝在我心中。这些话引领我进入上帝无言的奥秘中,它们打开了通向上帝所在之处的大门,在那里,上帝在一切言说和图像的彼岸,栖息在永恒的安息的宁静中。

平静即中断

梅茨(Johann Baptist Metz)曾经把中断称作宗教最简短的定义。上帝的安息中断了人类的劳作,祈祷是对日常忙碌的有益干扰,谁也不可能时刻保持内心的平静,总会不断失去这种平静。冲突与纷争占去了我们的全部时间。一旦我们被伤害了,心里便开始了自我伤害的过程:我们一遍又一遍地去回想那些伤害我们的言辞,自我折磨,不断责备自己当时为什么不能做出更好的回击,从前关于要保持内心平静的种种打算都功亏一篑。但是如果我们在祈祷时将自己带到上帝面前,就能中断这种被伤害和自我伤害、被侮辱和侮辱自己的恶性循环。祈祷时我们暂时摆脱了正在处理和占据我们全部精力的事情,我们从上帝的角度看待这一切,发现事情完全是另外一种样子。保持这种有益的距离,能将我们从冥思苦想和忧心忡忡的漩涡中解救出来。祈祷作为一种有益的干预,会将我们从焦虑忙碌的生活带回悠闲与平静。每日祷告能确保我们每天的忙碌不会超过八小时,每天都会有一个间歇,让自己退后一步,将自己的生活之舟重新停靠在上帝身边,并在那里归于平静。

然而,宗教的有益干预不仅仅体现在祈祷上,而且更多地体现在节日里。上帝的永恒在节日里中断了我们固有的时间观念。节日意味着中止工作,并将利益和算计暂时抛到一边。节日没有时间概念,没有目的性。节日让我们远离日常生活中的枯燥无味和忙碌不堪,其特点就是"悠闲和轻松"。皮佩尔(Pieper)认为,当代人往往缺少真正欢庆节日的能力,其原因在于他们再也看不到节日与宗教祭礼和闲情逸致的关系。"欢庆节日意味着以非同寻常的方式表达对这个世界的全部赞同。"只有当我认同这个世界,并将其视作上帝的创造,并为此赞美上帝,才能真正庆祝节日。节日暂时中断了我们的日常生活,让我们参与到生活最本质的内容。柏拉图认为,诸神怜悯人类,为给生活辛劳的他们以"喘息的机会,它们重复出现在宗教仪式似的节日上,化身缪斯及其引领者阿波罗和酒神狄厄尼索斯出现。"如果我们不能像上帝所期待的那样认同这个世界,并接受生活的现实,那么我们自己创造的人为的节日形态——皮佩尔将之称为"伪节日"——"就仅仅只是一种更加紧张的劳作方式"。

"Fest"(节日)这个词源自拉丁语"festus"。"festus"和"festivus"意味着喜庆、隆重,同时也包含愉悦、适意和美好的意思。节日并非没有工作的休闲日,其特点是一种清晰的时间形态、宗教祭礼的庆典、盛宴、喜剧表演和音乐。节日意味着中断日常生活、超越日常生活、提升生活品质,因为在节日里上帝降临到我们的生活中。节日将我们与生活的源头联系起来,同时让我们预先了解未来。我们庆祝上帝给予我们的希望、颂扬上帝永恒的安息,但这种安息并非无所事事,而是享受世界、颂扬世界、赞美生活,因为我们的生活是值得赞美的,上帝眷顾我们的生活、拯救我们的生活,提升我们的生活,上帝渗透到我们的生活中,改变我们的生活。正因为在节日里我们感受到上帝的真实存在,相比平日忙碌的休闲时光,在节日就能得到更多的休养和娱乐。亚历山大的克莱芒则认为,我们的生活是持续不断的节日,因此我们不再需要专门的节日。如果我们的生活是与上帝欢庆的持续节日,如果我们每天都能意识到自己就在上帝身边,得到了他的拯救和爱,并蒙神恩典而有所作为,那么我们做任何事情都会觉得安全保险。这样,我们就应该将自己的工作当成上帝创世的节日来庆祝。这样我们的日常生活就不再匆匆忙忙,而是充满上帝所带来的安宁。

将我们引向安宁的节日,总是在庆祝上帝为我们所做的一切。因此,真正的节日都是对上帝的赞美。人们在赞美上帝的过程中归于平静。无论在精神上还是心理上,我们都在不断寻求解决问题的方法。我们想掌控心中的恐惧,克服沮丧消沉的情绪,可一旦想掌控某些东西,我们就永远得不到安宁,总是提心吊胆,生怕一松手那些捏在手心里的东西就会消失。因此,重要的不是控制自己的恐惧与沮丧、狂热与情绪,而是与它们和谐相处,并在这种种情绪中仍赞美上帝。这也是卢文(Henri Nouwen,1932—1996,原籍荷兰,1957年晋铎。曾任教于美国圣母大学、耶鲁和哈佛大学。近代天主教内、外著名的神学家和灵修作家——译注)在特拉普派修道院的地下室修行时就认识到的非常重要的一点。他原以为特拉普派修道院的安宁能解决他所有的问题,但不久后,沮丧消沉的情绪又笼罩着他,这时他才认识到:"建修道院不是为了帮助人们解决问题,而是身处问题之中仍赞美上帝。"假如我在生活的喧嚣中、在无法解决的冲突中、在无法处理的问题中赞美上帝,那么这一切便无法支配我。我将变得淡定而平静,而节日便是我们在纷乱的世界中淡定和平静的体现。假如我们想将世间所有问题都解决之后再来庆祝节日,那么永远也等不到那天。我们将陷入那些问题的恶性循环中无法中断。节日是有益的中断，它在这个不太平的年代给我们创造安宁。然而，只有在节日里让上帝进入我们的生活，只有我们关注造物主同时赞美他，才能体验到这种安宁。如果我们有意识地去庆祝上帝赐给我们的节日，并将它作为有益的中断，就会预感到——如亚历山大的克莱芒所说——我们的生活是一个持续的节日，是对上帝的不断赞美，在这种赞美中我们打破了忙碌和不安的恶性循环，在时代的不安中体验到了上帝的安宁。

结语:在树荫下

当下人们最为渴望的就是能够归于平静,不但能找到外在的平静,同时也能找到内心的安宁。这个时代的浮躁不安、喧嚣嘈杂和忙碌不堪使我们饱受折磨。在渴望真正平静的同时,我们又因自己没有能力获得而倍感痛苦。我们能享受到的、与外界的一切中断联系的片刻安宁,不但无法使我们平静下来,反而会迫使我们不得不面对内心的躁动、杂念、担忧、恐惧和自责,接受生活与自己的梦想相差甚远的事实。于是,在我们想摆脱这片刻宁静中那些令人不快的瞬间时,重又被四面八方涌来的喧嚣所麻醉。我们又逃回到工作中,以摆脱令自己不快的现实。

本书旨在表明,通向真正平静的途径只能通过自己的真实内心才能实现,这是一条非常崎岖的道路,一条最终远离自我和忧虑的道路,一条通向上帝的道路。圣奥古斯丁关于不安宁的心只能在上帝那里找到安宁的说法,不但是一句很虔诚的话，而且它确实符合我们内心深处的体验。我们无法平息自己的不安，无法消除自己的恐惧和负疚感，无法逃离自己的影子。我们需要一棵树，好让我们在树荫下休憩，而不必逃避自己的影子。我们需要上帝，在他的庇佑下我们很安全，在他的爱里我们能够感知自己会被他无条件接受，他会接受我们的一切，包括我们的不安、忧虑和恐惧。由于在上帝面前一切都可以存在，我们在上帝面前可以毫无保留地坦露内心的一切，不再拼命逃避，这样我们就能在他的树荫下坐下来，找到所有人都孜孜以求的真正安宁。

图书在版编目(CIP)数据

心灵的平静 /(德)安塞尔姆·格林著;何珊译.
—上海:华东师范大学出版社,2014.5
ISBN 978-7-5675-1551-2

Ⅰ.①心… Ⅱ.①格… ②何… Ⅲ.①人生哲学—通俗读物 Ⅳ.①B821-49

中国版本图书馆 CIP 数据核字(2013)第 309136 号

华东师范大学出版社六点分社
企划人 倪为国

心灵的平静

著　　者　(德)安塞尔姆·格林
译　　者　何　珊
审读编辑　温玉伟
责任编辑　彭文曼
封面设计　吴元瑛
出版发行　华东师范大学出版社
社　　址　上海市中山北路3663号　邮编　200062
网　　址　www.ecnupress.com.cn
电　　话　021-60821666　行政传真　021-62572105
客服电话　021-62865537
门市(邮购)电话　021-62869887
地　　址　上海市中山北路3663号华东师范大学校内先锋路口
网　　店　http://hdsdcbs.tmall.com
印 刷 者　上海中华商务联合印刷有限公司
开　　本　787×1092　1/32
印　　张　4.25
字　　数　65千字
版　　次　2014年5月第1版
印　　次　2014年5月第1次
书　　号　ISBN 978-7-5675-1551-2/B・819
定　　价　26.80元

出版人　朱杰人

(如发现本版图书有印订质量问题,请寄回本社客服中心调换或电话021-62865537联系)

Published in its Original Edition with the title
Herzensruhe by Anselm Grün
Copyright © Verlag Herder GmbH, Freiburg im Breisgau 2009
This edition arranged by Himmer Winco
© for the Chinese edition: East China Normal University Press Ltd.

本书中文简体字版由北京Himmer Winco文化传媒有限公司独家授予华东师范大学出版社,全书文、图局部或全部,未经同意不得转载或翻印。

上海市版权局著作权合同登记　图字:09-2013-444号